Murphy'

Eine Botschaft an Hundeliebhaber

Ernest Gambier-Parry

Writat

Diese Ausgabe erschien im Jahr 2024

ISBN: 9789359949406

Herausgegeben von
Writat
E-Mail: info@writat.com

Inhalt

ICH

Ja. Er wurde in der ersten Juniwoche des Jahres 1906 geboren. Wie Sie sehen, ist das ziemlich kurz her – das heißt, nach unserer Zeitrechnung – aber lange genug, genau wie das Leben eines Kindes manchmal lang genug ist, um das Leben – ja, mehr noch, den Charakter – von Leuten zu beeinflussen, die behaupteten, ihm auf dieser Erde überlegen zu sein, mit Gewissheiten in irgendeinem dunklen und fernen Himmel, in dem es vielleicht hier und da eine Ecke für Hunde gibt, vielleicht aber auch nicht.

Er entstammte einem königlichen Haus mit reiner Abstammung und langer Ahnenreihe und erblickte das Licht der Welt im Hof einer Mühle am Fluss, wo das alte Rad seit Generationen ächzte oder still tropfte, je nachdem, ob das Wasser stieg oder fiel und das Korn zum Mahlen hereinkam.

Es gab andere, die ihm im Aussehen ähnelten, im Hof; auf dem Gelände, auf dem die Mühlengebäude standen, prachtvoll mit vielfarbigen Kacheln verziert; rund um das Wohnhaus oder in einem großen, verkabelten Gehege in der Nähe. Sein Herr, der Oberherr, züchtete ausnahmsweise Hunde seiner Art, nicht unbedingt aus Profitgründen, sondern weil er ein großes Herz für Hunde hatte und sich dazu entschloss, wobei er sich stolz rühmte, dass kein einziger Hund seiner Klasse Gassi ging Auf diesen Inseln war das nicht sein Stil – und das behauptete er übrigens wahrhaftig.

Zu einer Zeit dürften in und um diesen Mühlenhof nicht weniger als achtunddreißig Hunde gezählt worden sein, junge und mittlere, und alle mehr oder weniger eng verwandt. Obwohl diese Zahl weit über dem Durchschnitt lag, war die dadurch entstandene Überlastung auf die einzige unglückliche Episode in Murphys Leben zurückzuführen, über die er in späteren Tagen oft mit mir sprach und deren Wirkung er bis zum Ende trug. Dazu aber später mehr.

Das Leben inmitten einer solchen Gesellschaft – allesamt Iren – bedeutete zwangsläufig ein mehr oder weniger raues Leben, in dem die Stärksten das Beste hatten und die Schwächeren ausgeschaltet wurden, wenn der Meister nicht da war, um einzugreifen . Jeder musste mit den Mitteln, die er konnte, sein eigenes Niveau finden, und so ähnelte diese große Gruppe oder Schule von Hunden in vielen Einzelheiten den anderen Schulen, zu denen Wir selbst oder unsere anderen Söhne geschickt wurden. Die Ausbildung, die man hier wie anderswo erhalten sollte, entwickelte in erster Linie und ganz unbewusst die ersten und größten Voraussetzungen im Leben, sei es für den Hund oder den Menschen. Und wenn in einigen Fällen trotz der strengen Disziplin des Ortes böse Eigenschaften wie Kampfbereitschaft, Selbstsucht und die Angewohnheit, schlechte Sprache zu verwenden, betont wurden, waren ihre

Gegensätze – gute Laune, ein leichtes und fröhliches Gemüt und a Die bürgerliche Sprache – erhielt ihre Anerkennung sogar von den größeren Kerlen, wie Pagan I. oder II. oder dem Hauptmann der Schule, von dem oft mit angehaltenem Atem gesprochen wird – Postman, Murphys Vater, der sich später mit der großen Schönheit Barbara paarte. beide sind vom bläulichsten aller blauen Blute.

Den jungen Menschen wurde beigebracht, wo sie ihren Platz haben und wie sie diese weitere Eigenschaft, die inzwischen aus der Mode gekommen ist, behalten können. Oder jeder hatte eine Lektion in einer weiteren, noch veralteteren Tugend, die in dieser sehr modernen Welt als nicht mehr notwendig oder angemessen erachtet wurde und nur eine alberne Ehrerbietung zeigte, wenn sie überhaupt zur Schau gestellt wurde. Respekt war in Wahrheit die wichtigste aller Tugenden, die hier vermittelt wurden – Respekt vor dem Alter, denn alte Hunde dürfen nicht mehr herausgefordert werden; Respekt vor der Stärke und den großen ungeschriebenen Gesetzen; Respekt vor Sex; Respekt vor denen, die sich als die besseren Männer erwiesen hatten; Respekt vor denen, die weder kämpften noch schworen, sondern sich allein durch ihren Charakter behaupteten.

So war es zum Beispiel nicht richtig, wenn die Jungen sich an die älteren Mitglieder der Schule wandten und Gleichheit forderten, denn so seltsam es auch klingen mag, Gleichheit hatte hier keinen Platz, außer dass alle Hunde waren. Und wenn ein größerer Kerl einen Knochen hatte, gewann, verdiente oder durch sein eigenes Unternehmen dazu kam, wurde es auch nicht für angemessen gehalten, dass die Jungen mehr taten, als aus respektvoller Entfernung zuzusehen, mit hängenden Ohren und so gut wie möglich gezügeltem Neid. Mit solchen Methoden wurde die Bedeutung der Heiligkeit des Eigentums gelehrt; und auch, dass ohne gebührende Rücksichtnahme auf Letzteres niemand oder irgendetwas, das er besitzen könnte, Sicherheit haben konnte.

Gewiss, einige aus dieser Gesellschaft hier litten unter Blähungen, dem hirnrissigen Ungestüm der Jugend oder waren der Meinung, dass ihnen allein das Geheimnis aller notwendigen Reformen und fortgeschrittenen Theorien, die sie selbst verfasst hatten, vermacht worden war. Natürlich fanden sie Anhänger, besonders wenn man auf Gewinn hoffte, denn auf Kosten anderer zu profitieren ist in manchen Richtungen, von oben bis unten in der Welt, nicht unpopulär. Aber in der Regel waren diese Theorien nicht von langer Dauer. Die Gruppe fand sich sozusagen wieder, und der angeborene gesunde Menschenverstand, von dem sie behauptete, er sei ihnen zu Hilfe gekommen, bevor die ganze Schule allgemein an die Ohren geriet oder der Oberherr aufgefordert wurde, einzugreifen.

Wenn es also um das Eigentum eines Kerls ging, war der Ruf der wirklich Ehrlichen: „Hände weg, da!" – und wenn nötig wurde zu Recht Blut vergossen, um es zu verteidigen, wie es immer sein wird, bis der letzte Hund und Mensch sich hinlegt und stirbt. Wenn natürlich einer oder andere sein Eigentum unbewacht ließ oder, überwältigt von der Fülle, einschlief oder fett und unvorsichtig wurde, kam ein anderer seines Standes und nahm ihm das Eigentum weg. In einem solchen Fall konnte der Verlierer nichts weiter tun, als wie ein Köter zu winseln, während die Leute, die im Hof herumlagen, aufschauten, um zu sehen, was der Krawall zu bedeuten hatte, und dann ruhig bemerkten: „ *So* soll es sein."

Andererseits, als sich an einem schwülen Nachmittag in diesem ersten Sommer in Murphys Leben einige ältere Familienmitglieder an so kühle Orte am Eiot begaben wie die Schatten, die das breite Dachdach der Mühle warf, wurde ihnen befohlen, dies zu tun in Ruhe gelassen werden und nicht von jüngeren Leuten geplagt werden, so gutmütig sie auch sein mögen. Anderen folgte man auch nicht, als sie sich zur Öffnung des Mühlengrabens schlichen – wo das Wasser mit hoher Geschwindigkeit braun und schäumend aus den dunklen Schatten unter den Böden hervorschoss – um, vielleicht im Halbschlaf, den Großen zu lauschen Das Rad stöhnte seine feierliche Musik, während die tropfenden grünen Paddel einen kühlen Nebel verströmten, um die abgestumpfte Luft zu erfrischen.

So seltsam eine solche Wahl auch für diejenigen mit ruhelosem Geist erscheinen mag, sie war nicht seltsamer als die für andere, die aus Achtlosigkeit ein Loch im Staub des Oberhofs unter den Buff Orpingtons und die glühende Hitze des Mittsommers vorzogen Sonne. Es muss hier wie anderswo geschmackliche Unterschiede geben. Der gewählte Ort muss respektiert werden, nicht nur, weil er für die Zeit, wie kurz auch immer, das Zuhause war, sondern auch, weil hier Privatsphäre herrschte, und es war nicht richtig, dass diese zu irgendeinem Zeitpunkt angegriffen werden sollte, wenn man sie zu Recht und offensichtlich suchte – zumindest , so wurde es von den Bewohnern der Insel zu dieser Zeit beurteilt.

Dass Murphy all diese Dinge bemerkt hat, versteht sich von selbst. Er behielt sie nach Art seiner Art größtenteils für sich; aber er beobachtete ihn trotzdem genau, seine schwarzen Augenbrauen bewegten sich ständig direkt über seinen Augen, während er im rauen Gras im Schatten der Kopfweiden oder unter den flüsternden Espen lag.

Zu diesem Zeitpunkt hatte er das schlaffe Stadium noch nicht lange hinter sich gelassen, in dem die Hinterhand ständig nachgab und man nichts anderes tun konnte, als sich auf eine Hüfte zu setzen und zu versuchen, klug auszusehen, da er ständig von den Fliegen geplagt wurde. Nach einer Weile wurde er kräftiger und schöner, seine Ohren verdunkelten sich und seine

Augen – die, wie man so sagt, mit einem schmutzigen Daumen eingesetzt wurden – wurden größer und nahmen jenen außerordentlichen Glanz an, der die Vorbeigehenden immer wieder hinschauen ließ. Wenn er an die Reihe kam, durfte er auch weiter hinaus. Es gab Spaziergänge entlang der Flussufer in Begleitung eines halben Dutzends der anderen; und bevor er sechs Monate alt war, konnte er eine gute Strecke mit einem Pferd und einer Kutsche laufen, bevor er an die Stufe kam und lachend aufblickte und sagte: „Hier, nehmt mich hoch, ich bin hinüber!" Das alte Pferd in den Deichseln kannte die Art der Hunde gut und würde sein Tempo verkürzen oder sogar ganz anhalten, wenn die Gefahr bestand, dass ein rücksichtsloser verletzt würde. Dies war wahrscheinlich der Grund, warum Murphy zeitlebens unter der falschen Vorstellung litt, dass es die Pflicht der Pferde und Kutscher aller Art sei, ihm aus dem Weg zu gehen, und nicht unbedingt er ihnen.

Es war ein glückliches Leben in einem Land des Glücks und der Freiheit, obwohl die Disziplin streng war und jeder seine Ausbildungszeit absolvieren musste. Früher oder später wurde jeder nach seinen Verdiensten beurteilt, sowohl von seinen Kameraden als auch von dem großen, hochgewachsenen Oberherrn, dem sie in erster Linie Treue schuldeten. Und wenn ein solches Urteil manchmal trügerisch war, wie es häufig auf der ganzen Welt der Fall ist, wenn es nur auf solchen Punkten beruhte, so war es doch fair, als die Zeit kam, den Charakter zu beurteilen, den jeder hier verdiente – als das erste Zuhause zurückgelassen werden musste und man sich der Welt in Stadt oder Land stellen musste, auf oder ab des größeren Flusses eines einfachen Lebens.

Für ein Temperament wie Murphy war ein solches Leben das Glück selbst. Er war kontaktfreudig und liebte die Gesellschaft sehr, am liebsten jedoch die Gesellschaft eines Menschen. Die Einsamkeit verabscheute er; Spiele waren sein Vergnügen; Denn das Töten von Dingen, selbst wenn es eine Ratte aus einem der tausend Löcher war, die ihm beim Spaziergang am Fluss begegneten, kümmerte ihn nie, und er schien es tatsächlich nie ganz zu verstehen. „Leben und leben lassen" war sein Motto, wobei er stets das Spiel „Fang-Wer-Fang-Kann" spielte.

Es gab überhaupt keinen Grund, Schmerzen ins Feld zu bringen. Für ihn war das Leben ein Zustand voller Lächeln, oder man musste es schaffen, auch wenn hinter der nächsten Ecke Ärger herrschte und Menschen mit schwierigem Temperament bis zum Schluss Rätsel aufgeben mussten. Die Menschen in der Umgebung sollten daher als Freunde betrachtet und auf eine Art und Weise begegnet werden, wie sich bessere Hunde selbst niederlegen würden. Ihre Gesellschaft hatte offensichtlich ihre Regeln, die, wenn sie gelegentlich gebrochen wurden, noch bekannt und anerkannt werden mussten, genauso wie sie selbst, obwohl sie Hunde waren, erkennen konnten, dass die Mitglieder dieser anderen Gesellschaft, in die sie offenbar eingepfropft waren, dies getan hatten ihre.

Diese Letzteren und sie selbst waren – so schien es ihm – nichts Geringeres als Partner in einem großartigen Spiel, das immer mit gutem Herzen und im Geiste wahren Sportsgeists gespielt werden sollte. Beide bewegten sich nach dem Gesetz, der einzige Unterschied zwischen den beiden bestand darin, dass die Menschen die Macht des Vetos besaßen – und sie zu oft ausübten, fügte er in seiner perfekten, wohlerzogenen Art hinzu, auf eine Weise, die ihre Unwissenheit zum Ausdruck brachte. Er beteuerte, dass die Menschen immer darauf beharren würden, davon auszugehen, dass ihre Gesetze zu jeder Zeit richtig seien und darüber hinaus immer auch auf Hunde anwendbar seien, wobei sie vergessen hätten, dass Hunde häufiger als sie selbst von gebieterischen Gesetzen bewegt würden.

Wäre er wie die meisten Hunde gewesen, hätte er, als solche Gedanken sein Gehirn beschäftigten, zweifellos ohne Zögern in Pucks Lied mitgesungen:

„Herr, was für Narren sind diese Sterblichen!"

Aber genau darin unterschied er sich von der Mehrheit. Der Mensch war sein Freund. Freundschaft bedeutete Loyalität, und Loyalität sollte unbefleckt bleiben.

Es war viel in dem, was er sagte. Bei vielen Gelegenheiten zeigt ein Hund, dass er es besser weiß als ein Mann und Dinge tun kann, die über die gepriesenen Kräfte des Menschen hinausgehen. Das wissen wir alle – oder sollten es auch tun – denn es kann der Moment kommen, in dem wir auf das Urteil eines Hundes angewiesen sind. Es nicht zu erkennen bedeutet dann, Schwierigkeiten zu schaffen und schwere Fehler zu begehen, was dazu führt, dass die fügsamsten unserer Freunde mit einem verwirrten Ausdruck in den Augen aufschauen und die eigenwilligeren und offenherzigeren mit diesem Satz fortfahren zurück über die Schulter – „ *Ihr Narren, ihr; Wann wirst du es verstehen!* "

Und das Komische an der ganzen Sache ist, dass der Mensch mit seinem Selbstbewusstsein und seiner begrenzten Sichtweise, der er sich manchmal gar nicht bewusst zu sein scheint, denkt, er würde den Hund trainieren, während der Hund, wie sich zeigen wird, durchaus in der Lage ist, ihn zumindest in einigen Bereichen zu trainieren. Wenn also Meinungsverschiedenheiten auftreten, zieht der Mensch voreilige Schlüsse und beansprucht sein Vorrecht. Es ist eine traurige Angelegenheit, wenn eine allzu voreilige Bestrafung folgt, wie es oft der Fall ist, denn der Mensch – so pflegte Murphy zu sagen – würde sehr oft feststellen, dass er falsch liegt. Aber als Murphy später so sprach und zeigte, wie leicht wir Fehler machen können, und so viel erklärte, was vorher nicht ganz klar war, veranlasste er verschiedene Leute dazu, sich zu fragen, ob er in einem früheren Leben in seiner Freizeit Bentham studiert hatte. Wenn Hunde oder Menschen Fehler machen, bedeutet das nicht unbedingt, dass sie Unrecht tun. „Fehler auf ihre Quelle zurückzuführen, bedeutet oft, sie zu widerlegen."

Er hat das oft zitiert; doch bei der einzigen Gelegenheit, bei der er nach seinen bisherigen Studien gefragt wurde, schwieg er. Er und sein Meister saßen am Hang, weit weg vom Stimmengewirr der Menschen – was sie in der Tat meistens auch waren. Sein Blick schweifte über das Tal bis zur Skyline. „So sieht man aus, mein lieber Meister", schien er zu sagen – „so sieht man aus. Laufen Sie niemals mit der Ferse. Für dich und mich gibt es eine Zukunft. Schauen Sie nach vorn und werfen Sie einen Blick nach vorn. Schau niemals zurück!"

Seine Bemerkungen berührten auf diese Weise oft leichtfertig wichtige Fragen.

II

In der Blütezeit der Jugend nach vorne zu blicken bedeutet, sich auf ungetrübtes Glück zu freuen. Und zweifellos änderte die Tatsache, dass der Sommer zu Ende ging und der Herbst folgte, als auf mysteriöse Weise Blätter von den Bäumen fielen und sportliche Düfte in der Luft waren, für Murphy und seine Altersgenossen kaum einen Unterschied in ihrer Einstellung. Glück hatte nichts mit den Jahreszeiten zu tun: Sie waren alle ihrerseits gut. Die fröhlichen Zeiten reichten vom Frühling bis zum Winter. Und vielleicht war der Winter doch der Beste.

Tatsächlich war es an einem Wintertag, als Murphy zum ersten Mal einen Eindruck im Gedächtnis seines Oberherrn hinterließ, und es geschah so.

Der Tag zuvor war typisch für Ende Januar gewesen. Die Sonne schien seit Tagesanbruch nicht mehr. Der Himmel im Norden war bleifarben und der Wind wehte durch den Schnee. Wenn es auf der Nordseite der Hecken gefror, taute es auf der Südseite auf – der kälteste Zustand von allen.

Für die Hunde der Mühle gab es überdachte Plätze mit reichlich Stroh, und als ein oder zwei, die spazieren gegangen waren, hereinkamen und sagten, es würde schneien, bevor der nächste Morgen anbricht, rollten sich diejenigen, die diese Bemerkung hörten, enger zusammen oder kamen ihren engeren Freunden näher. Und während sie schliefen und aufwachten und wieder schliefen, sahen sie, wie die Lichter eines nach dem anderen ausgingen, bis auf die in der Mühle selbst, denn Kähne waren mit Ladungen Getreide gekommen, und die Mühle war die ganze Nacht in Betrieb. Sie konnten das stetige „Pochen", „Pochen" des großen Mühlrades und das Plätschern des fernen Wassers hören; Doch kurz vor der neuen Morgendämmerung wichen diese Geräusche einem Summen, das in den Bäumen eine gedämpfte Musik spielte. Die Schritte der Männer waren überhaupt nicht zu hören, bis sie ganz in der Nähe waren; und dann blieb die Mühle langsam stehen, als wäre sie müde, und Stille herrschte in der Kälte. Hunde und Menschen schliefen eine Weile tief und fest: Die Natur war dabei, der Welt ein neues Gesicht zu verleihen.

Und danach folgte die Freude eines wolkenlosen Morgens, als die Sterne verblassten und die blasse Sonne eine Welt erhellte, die jetzt reinweiß war. Überall lag Schnee, drei Zoll hoch – nicht mehr –, denn er hatte sich in der Stille gleichmäßig ausgebreitet und bedeckte den Boden und die Dächer und die Kähne, die mit dem Getreide gekommen waren, und ließ alles seltsam aussehen, selbst das Wasser, das an die Ufer leckte und irgendwie die Farbe von grünem Flaschenglas angenommen hatte.

Dann kam nach und nach der Oberherr und rief diesen und jenen Namen; und der letzte, den er rief, war „Murphy".

Hier gab es tatsächlich Spiele! Hier gab es etwas Neues zum Spielen; man konnte darin nach Herzenslust hüpfen, rollen und herumtollen; man konnte sogar hineinbeißen und es bis zum Verbot hinunterschlucken. Dieses neue Material, das die Jüngeren noch nie zuvor gesehen hatten, ließ sogar den Schwächsten seine Schlaffheit vergessen, als ob frisches Blut durch seine Adern floss und er mit neuem Leben ausgestattet wäre!

Bald hatten sie den Hof verlassen und gingen die Gasse hinunter. Und dann bog der Oberherr in die Felder ein und schlug eine Vorfahrt ein, die in Richtung eines zwei Meilen entfernten Weilers führte. Hier waren viele der Wiesen dreißig Hektar groß und mehr, flach wie jeder Boden, mit großen Ulmen in ihren Hecken. Sie wurden nun von Schafen und Rindern nicht mehr bewirtschaftet, denn diese waren in der Nacht zuvor von Männern, die ein Auge auf das Wetter hatten, auf höher gelegene Gebiete vertrieben worden. Die jungfräuliche Oberfläche des Schnees glitzerte in Gold und Silber in der frühen Morgensonne, mit hier und da, als Kontrast, den langen Schatten der Äste einer großen Eiche oder Ulme, als hätte jemand zum Spaß ihr Muster nachgezeichnet mit einem Pinsel reinsten Kobalts.

An diesem Morgen waren nur fünf Hunde unterwegs. Drei waren jetzt an der Leine; ein anderer war sehr alt, und er und Murphy durften sich frei bewegen. So kam es, dass Murphy sich plötzlich ein Stück weit von den anderen entfernt befand und plötzlich aufgefordert wurde, zu zeigen, was er konnte. Unterwegs stieß er auf eine leichte Erhebung im Schnee, als ob etwas darunter lag. Die Erfahreneren hätten gewusst, was das war, denn ihre Nasen hätten es ihnen sofort verraten. Wenn Schnee fällt und ein Hase feststellt, dass er allmählich von den Flocken bedeckt wird, tut er, was er kann, um sich tiefer einzugraben; aber immer mit diesem Blick auf das Leben – dass er eifrig ein Loch offen hält, damit er atmen kann, und zwar immer in Lee. Dies ist einer der vielen Beweise für einen klugen Instinkt, denen man auf den Feldern immer begegnen kann.

Bevor dieser junge Hund überhaupt wusste, was passiert war, sprang wie durch Zauberei ein wunderschönes Tier mit starkem Geruchssinn und schnellen Füßen aus dem Schnee und rannte mit Höchstgeschwindigkeit direkt von ihm weg.

Er hörte eine Stimme, die viele Namen rief, und gleichzeitig das Knallen einer Peitsche. Aber sein Name war nicht unter den anderen; und er hatte gerade noch Zeit zu bemerken, dass der Oberherr stillstand, mit den anderen Hunden um ihn herum. Dann nahm er die Verfolgung auf, geradewegs auf den Fluss zu. Dort machte der Hase seine erste Wendung, Murphy war zwanzig Meter hinter ihm. Er lief jetzt stumm, und sowohl Hase als auch

Hund machten sich an ihre Arbeit – der eine wollte entkommen, wenn er konnte, der andere ihn fangen, wenn das möglich war. Einen Moment später waren sie durch den gegenüberliegenden Zaun und verschwanden, nur um dann schnell wieder zurückzukehren und geradewegs dieses dreißig Morgen große Stück Land entlang zu laufen. Es war eine Strecke von fast einer Viertelmeile, und bevor sie den gegenüberliegenden Zaun erreichten, holte Murphy auf. Der Hase machte an der Grenze eine Kehrtwende, dann noch einmal eine Kehrtwende und bildete die Figur einer riesigen Acht auf der glitzernden goldenen Oberfläche des Schnees.

Hat der Hund wirklich aufgeholt? Es war ein schöner Lauf. Der Hase war offensichtlich ein Häschen aus der letzten Saison; der Hund war kaum älter als sieben Monate. Wie würde es enden? Der Oberherr stand da und sah zu, entschlossen, dass niemand eingreifen sollte. Auf einem fairen Feld sollte es faires Spiel geben, wenn er nur die anderen im Zaum halten könnte, die winselten und zitterten und an der Leine zerrten. Er hatte die Riemen seiner Peitsche durch das Halsband des alten Hundes geführt, sodass alle wirklich gut unter Kontrolle waren.

Würde der junge Hund durchhalten? Das war die entscheidende Frage. Der Hase hatte zuvor schon viele Läufe hinter sich, um seine Haut zu retten, und war durch das Leben auf den windigen Hügeln und weiten Feldern abgehärtet. Aber der Hund war noch nie auf eine solche Probe gestellt worden: sein Leben war mehr oder weniger künstlich gewesen, und er hatte sich noch nie verausgaben müssen oder war einer solchen Belastung ausgesetzt worden, wie diese fast wahnsinnigen Momente es mit sich brachten. Irgendwie musste er dieses Ding fangen. Haben seine Kameraden nicht zugeschaut? Schien das Schweigen des Oberherrn nicht sein Bestes von ihm zu verlangen? Es schien jedoch unmöglich, mit diesem Tier mit überraschender Schnelligkeit auf gleicher Höhe zu kommen, das mit vollkommener Leichtigkeit über den Boden zu gleiten schien und jede Anstrengung, die er unternahm, tapfer beantwortete.

Die Zuschauergruppe beobachtete das Geschehen umso aufmerksamer. Jetzt vergrößerte der Hase durch eine geschickte Wendung seinen Vorsprung; dann holte der Hund den verlorenen Boden wieder auf. Der Hase war inzwischen fast wieder am Ausgangspunkt angekommen. Der Hund kam immer näher: Der Hase schien in seinem Schritt zu schwanken. Die Zunge des Hundes hing weit heraus und sein Hecheln war deutlich zu hören. Wieder einmal wich der Hase zurück und die Hunde mit dem Oberherrn sprachen, als ob sie ihren Kameraden anfeuerten. Dann war Murphy mit einem Schlag und einem Ansturm dabei: Es gab ein Handgemenge im Schnee und im nächsten Moment sah man, wie der junge Hund den Hasen festhielt.

Der Oberherr ging auf die beiden zu, nahm die Hunde an die Leine und zog sie am Kopf fest, hielt sie mit seinen Füßen zurück und befreite sie. Murphy war nun zu erschöpft, um mehr zu tun, als ausgestreckt da zu liegen und nach Luft zu schnappen.

„Also, ich bin...!" – Der Oberherr strich, so gut er konnte, mit der Hand über den verängstigten Hasen und hielt ihn hoch an seine Brust. – „Bis zum Stillstand gekommen und nicht einmal verletzt. Also, ich bin...!"

Er hatte die anderen Hunde jetzt losgelassen. Sie bellten und sprangen um ihn herum, und um kein Risiko einzugehen, hatte er den Hasen unter seinem Mantel versteckt. Sein Gesicht war wie eine Studie, als er Murphy im Schnee liegen sah. An dem Hund war nichts auszusetzen, das war ganz sicher. Er hatte Gelegenheit bekommen, zu zeigen, was er konnte. Der Schnee hatte das Rennen ausgeglichen. Und das war das Ende – der Hase war überhaupt nicht verletzt. Er würde ihn gleich wieder ansehen. Es war ein hübscher Anblick gewesen: das Werk der Natur; nichts davon war wirklich grausam. Das waren die Gedanken, die dem großen Mann durch den Kopf gingen.

Danach machten sich alle auf den Heimweg. Die Füße des Oberherrn knirschten mit großen Schritten im Schnee, und ein Lächeln erhellte sein Gesicht. Vier seiner Hunde waren ihm dicht auf den Fersen, als ob sie etwas erwarteten; ein oder zwei Meter dahinter folgte ein jüngerer, dessen Zunge auf Brusthöhe herausragte.

Später am Tag, als alle Hunde in den Zwingern waren, konnte man den Oberherrn sehen, wie er den Mühlenhof verließ, mit etwas, das er in einer Tasche trug, lange Züge aus seiner Pfeife nahm und immer noch ein Lächeln im Gesicht hatte. Er machte sich allein auf den Weg zu den offenen Feldern und überquerte diese, bis er unter einer Hecke Schutz fand. Als er sein Ziel erreicht hatte, bückte er sich zu Boden, und als er sich erhob, sauste ein Hase davon, unverletzt an Wind und Beinen.

Er kümmerte sich lange darum, um sicherzugehen. Dann rieb er sich das Kinn, während er die Pfeife in der Hand hielt, und bemerkte laut: „Lauf bis zum Stillstand, ohne dass dir etwas passiert." Nun, ich bin...!" Und an diesem Tag hielt er sich erneut davon ab, ein schlechtes, wenn auch manchmal fast verzeihliches Wort zu verwenden.

III

Das Gesamtunternehmen betrachtete Murphys Leistung natürlich aus vielen Blickwinkeln. Unter seinen Zeitgenossen stieg sein Ansehen rasant, obwohl es selbst bei denen, die ihm am nächsten standen, nicht an einem Sauerteig eifersüchtiger Menschen mangelte. Unter denen, die etwas älter waren als er, lobten ihn die Gutmütigsten offenherzig und in ehrlicher Großzügigkeit des Herzens. Andere, die eher weltlich eingestellt waren, beurteilten seine Leistung als den Glanz des Zwingers und damit – und zwar mit einem Schnüffeln und einem Vorziehen des Kinns – auch an sich selbst. Einige weitere gelobten in echtem Sportsgeist, dass sie ihr Bestes geben würden, um noch besser zu werden, falls sich eine solche Chance ergeben sollte. Für diese Letzten war es ein Rätsel, warum bei diesem Ergebnis nicht alle Anwesenden Blut geleckt hatten; und untereinander hielten sie das Vorgehen des Oberherrn für unverständlich, gewiss weiblich, ganz gewiss falsch eingeschätzt. Wenn also der junge Hund in ihrer Einschätzung gestiegen war, war der Mann entsprechend gesunken.

Was die ältere Generation betrifft, sprachen einige gönnerhaft, als wollten sie zum Ausdruck bringen, dass die Tat nichts weiter war, als sie leicht hätten erreichen können, und am Ende redeten sie tatsächlich so viel, dass sie sich zu ihrer eigenen Zufriedenheit davon überzeugten, dass dies der Fall sei In jungen Jahren haben sie es sich zur Gewohnheit gemacht, solche Dinge nicht weniger selten als einmal in der Woche zu tun. Die Moralisten schüttelten ihre Köpfe als Quelle aller Wahrheiten und behaupteten, dass ein solcher Erfolg eine sehr schlechte Sache für die Jugend sei. Die Prahlereien, die sich einigermaßen zurückhaltend verhielten, aber noch nie in ihrem Leben etwas getan hatten, zeigten sich mehr auf die Seite als sonst und versuchten, die Sache auf diese Weise voranzutreiben, ohne sich des Gelächters um die Ecke bewusst zu sein, wie immer. Schließlich gab es noch die andere Klasse, die Mürrischen und die Krummen, die sich, wenn sie zu Uns gehört hätten, hinter ihren Papieren in den Fenstern des Clubs zurückgezogen hätten, aber so wie es war und weil sie Hunde waren, nur außer Hörweite waren, mit Sie legen ihre Halskrause hoch, murren vor sich hin und beschimpfen alles.

Es gab hier wie anderswo einige aller Klassen. Es ist in der Tat überraschend, wie sehr sich die Hundefamilie dem Menschen annähert. In beiden finden sich die gleichen Gegenstücke. Wir jagen meist im Rudel. Und wenn Hunde es gewohnt sind, zu bellen, zu beißen und zu zerreißen, stehen wir unsererseits oft nicht hinterher, wenn wir die gleichen seltsamen Künste ausüben, wenn auch nicht immer mit der gleichen Sportlichkeit und Großzügigkeit.

Murphy hingegen nahm die ganze Sache mit einem Sprung und einem Lachen hin, als wäre das alles Teil des lustigen Spaßes des Lebens und als würde es ihm in keiner Weise Ehre machen. Von Natur aus war er bescheiden und schüchtern, und wenn er gelegentlich Dinge tat, die ungewöhnlich waren, schien er das nie zu begreifen und wirkte bei allem Lob stets verwirrt und ungeduldig. „Mach dir nichts daraus; lass uns nach etwas anderem suchen", sagte er und zeigte damit vielleicht einen jener Charakterzüge, die ihn so liebenswert machten und die mit zunehmendem Alter so ansehnlich wurden. Er war von fröhlicher und großzügiger Natur, und obwohl er im Grunde männlich war – wenn dieser Begriff, ohne dass man ihn beleidigen möchte, auf Hunde zutrifft –, hatte er auch eine besondere Sanftmut an sich, die sich in all seinen Handlungen zeigte, bis hin zu seiner Unfähigkeit, seine Zähne zu benutzen. Man wusste nie, dass er kämpfte; und, was noch seltsamer war, Knochen waren für ihn völlig nebensächlich.

Wenn ein Charakter wie dieser so hart oder gar grausam behandelt wurde, dann war das, wenn nicht völlig, so doch zumindest ein Verlust des Vertrauens. Doch leider geschah genau dies nun. Bis dahin war das Leben wolkenlos gewesen. Natürlich hatte man, wie in jeder anderen Gesellschaft, für sich selbst sorgen müssen – zum Beispiel schnell einen Brocken aufsammeln müssen, wenn man ihn überhaupt brauchte. Solche Dinge sind gut und tragen zu Fortschritt und Entwicklung bei. Aber Härte und Unfreundlichkeit waren der Mühle und allen, die dort lebten oder arbeiteten, ebenso wie Ungerechtigkeit völlig fremd. Das Leben raste an diesem bevorzugten Ort mit einer ebenso ebenen Oberfläche wie die des Flusses, dessen Wasser träge bis zur Mühle flossen, den Damm abriegelten, und dann sprudelnd den Bach hinunterflossen, wiederbelebt und für den Moment seinen Zauber getan.

Wie es dazu kam, ist heute nicht mehr genau erschließbar; Doch gerade zu diesem Zeitpunkt in Murphys Leben wurde ein Dekret erlassen, das besagte, dass mehrere Familienmitglieder in Pension geschickt werden sollten. und am nächsten Tag wurde der junge Hund zum Haus eines der Mühlenarbeiter gebracht, eine halbe Meile und mehr entfernt.

Das Häuschen stand allein, und die darin lebende Familie bestand aus einem Mann und seiner Frau sowie einer Tochter, die gerade ihre Schulausbildung beendete. Es war einmal ein Sohn; aber er war, wie viele andere in unseren Dörfern, fünf oder sechs Jahre zuvor ausgezogen – alle Ehre sei ihnen! –, um seinem Land einen Schlag zu versetzen, und hatte nach kurzer Zeit den Tod eines Soldaten gefunden. Sein Foto hing schief direkt über dem Kaminsims, ein weiteres von einer Gruppe seines Regiments, auf das er einst großen Wert gelegt hatte, und ein weiteres von dem Mädchen, das er eines Tages zu seiner Frau machen wollte.

Als an einem Winterabend der Schein erlosch und die kahle, lakonische Botschaft an der Tür überbracht wurde, senkte die Mutter den Kopf; und später, als sie wieder zu Wort kam und den Zipfel ihrer Schürze fallen ließ, hörte man, wie sie vor sich hinflüsterte: „Es war der Wille des Allmächtigen." Dann strömten ihr erneut die Tränen, als sie sich auf ihrem Stuhl wiegte und ins Feuer starrte.

Die Wirkung auf den Vater war unterschiedlich. "Was...!" Er weinte, als hätte ihn jemand geschlagen. Eine einzelne Kerze flackerte auf dem Tisch; seine Lippen waren fest über seine Zähne gezogen; seine Finger umklammerten krampfhaft den Tischdeckel und er beugte sich zu seiner Frau hinüber.

"Was...!" rief er erneut.

„Sie haben uns getötet", wiederholte die Frau, während sich das Kerzenlicht in ihren starrenden Augen spiegelte. „Seth, Seth", fuhr sie fort und folgte ihrem Mann, der seinen Hut abgenommen hatte und zur Tür ging – „oh Seth, Seth – das ist der Wille des Allmächtigen, Mann; Ich weiß es mit Sicherheit; – Seth, Seth ...!"

Aber Seth Moby war in die Nacht hinausgegangen; und von da an lebte er wie jemand, der Ungerechtigkeit erlitt. Er war schon immer ein Mann mit unsicherem Temperament gewesen, aber dieser Schlag schien ihn zu verärgern. Es ist gut, sich daran zu erinnern, dass er mindestens einmal in seinem Leben tief geliebt hatte.

Der Oberlord brachte Murphy zur Tür und arrangierte die Angelegenheit mit Martha Moby, so wie er es schon oft mit anderen auf die gleiche Weise getan hatte. Der Tag war nass gewesen; der Weg, zu dem das Gartentor führte, war schlammig; Der Hund hatte schmutzige Füße. „Du wirst auf ihn aufpassen, das weiß ich. „Er ist ein guter Hund – ein guter Hund", wiederholte er, als er ging.

Es war schon dunkel, als Moby zurückkam. „Willst du, dass wir den Hund behalten? Es gibt einen zu vielen Anblick von ihnen; Und wofür er so viele solcher Kerle behalten will, das kann sich niemand vorstellen. A-bringt auch den Dreck in unser Haus. Ähm ... ich werde dich wärmen!" „Fügte er hinzu und tat so, als würde er etwas nach dem Hund schleudern.

Murphy sah verwirrt aus und kroch in eine Ecke.

„Mach nicht so weiter, Seth; Tu es nicht, Mann. Der Hund ist bei uns ein armes, nervöses kleines Ding und will keinen Schaden anrichten."

Aber es war vergebens. Seth Moby betrachtete Murphy als Eindringling, und wenn er etwas tun konnte, um ihn zu erschrecken, tat er es, und zwar mit allen brutalen Mitteln, die ihm zur Verfügung standen. Sogar die Fabrikarbeiter bemerkten untereinander, dass ihr Kumpel Moby ein anderer Mensch geworden sei. „Bei manchen war es so", sagten sie. „Sie wurden von Problemen geplagt und es sah aus, als könnten sie den Allmächtigen über Bord werfen. Und wenn es einmal bergab ging, war es nicht mehr so oft, dass man sie auf dem Weg der Besserung fand – nein, das war nicht so sicher."

Einmal, nach Ablauf der ersten Woche, entkam Murphy und erschien in der Fabrik mit einem Fuß oder mehr Seil, das an seinem Halsband hing, denn zuletzt war er angebunden gewesen. Seth verließ zufällig in diesem Moment die Arbeit und erwischte den Hund am Kopf, indem er seinen Fuß auf das Seilende setzte, fast bevor der Hund wusste, dass er da war. Er erhängte ihn fast, nahm ihn zurück und schleuderte ihn mit einem Fluch, der sein Kind erschreckte, ins Haus. Er ließ sie in die Hinterküche rennen, damit sie nicht hörte, was folgte; während der Hund auf dem Bauch in die Ecke kroch, mit eingezogenem Schwanz : Er bewegte sich jetzt immer so, obwohl es heißt, dass er nie winselte.

„Oh, Seth, wenn du so weitermachst", sagte Mrs. Moby vorwurfsvoll, „wird es Mord geben, und dann folgt Ärger: Der Herr ist nicht der Typ, der sich Grausamkeit gegenüber Hunden gefallen lässt." Gott segne den Mann – du wirst langsam verrückt. Lass den Hund in Ruhe, sage ich dir." Seth hatte seine Stiefel ausgezogen und sie auf den Hund geworfen, bevor er zu Bett ging: Mrs. Moby war damit beschäftigt gewesen, ihn beim Zielen aus der Fassung zu bringen.

In dieser Nacht war ein weiterer Schritt auf der Treppe zu hören; in der Küche wurde geflüstert; und mehrere Wochen lang schlief der Hund glücklich mit dem Kind, ohne dass andere davon wussten, allerdings nicht ohne ernsthafte Gefahr, dass dadurch beiden Ärger bereitet wurde.

Nach dieser Zeit rief der Oberherr. Er war weg gewesen. Er hatte bei seiner Rückkehr gehört, dass mit dem Hund etwas nicht in Ordnung war, und war gekommen, um sich selbst davon zu überzeugen. Murphy hatte zusammengerollt auf einem Sack in seiner Ecke gelegen, aber als er die wohlbekannten Schritte hörte, kroch er heraus und klammerte sich nervös an die Wand, bis er die Tür erreichte.

„Murphy, Junge!", rief der Oberherr und sah den Hund eindringlich an. „Murphy, mein kleiner Mann, dass du...!" Der Hund schmeichelte ihm und sagte lautlos: „Nimm mich mit, nimm mich mit."

Der Oberlord senkte seine Hand und tätschelte ihn. Er sagte kein weiteres Wort, als Murphy ihm nach draußen folgte, außer: „Sie sind es nicht, Mrs. Moby; Du bist es nicht." Er hatte ein großes Herz für Hunde und begann auf dem Heimweg, sich selbst die Schuld für das zu geben, was offensichtlich passiert war. „Wenn der Mann den Hund nicht wollte", murmelte er, „musste er es nur sagen; außerdem war es seine Miete an ihn: Es wurde nicht billig gemacht – das ist in keiner Branche der Fall."

Als er sein eigenes Haus erreichte, nahm er den jungen Hund mit – eine fast beispiellose Sache, soweit sich der Rest der Außengesellschaft erinnern konnte. Sie hielten ihren früheren Begleiter für verwöhnt oder auf dem besten Weg, es zu werden.

„Das war alles dieser Hase", bemerkte der Mann mittleren Alters.

„Ja", stimmten die Moralisten zu, „Erfolg ist immer schädlich für die Jugend!"

Zuschauer urteilen im Allgemeinen falsch, obwohl sie behaupten, den größten Teil des Spiels zu sehen.

Am nächsten Morgen wurde durch einen seltsamen Zufall ein Brief in der Mühle zugestellt, der Murphys Zukunft völlig verändern sollte.

IV

Daniel war einer dieser Hunde, die berühmt wurden, obwohl er einem kleinen Kreis angehörte; Nicht berühmt in dem Sinne, wie es die Hunde der Geschichte sind, sondern weil er Individualität besaß und sich in die Erinnerungen aller einprägte, die ihm jemals begegneten. Und diese waren nicht wenige, denn Dan war weit gereist und hatte eine Menge Freunde um sich versammelt. Andererseits besaß er diese beiden fast unverzichtbaren Eigenschaften der Popularität – entzückende Manieren und ein schönes Gesicht. Es war seine unveränderliche Gewohnheit, aufzustehen, wenn jemand ein Zimmer betrat; und als er ihnen entgegentrat, hätte man sicherlich sagen können, dass in seinem Fall der Schwanz buchstäblich mit dem Hund wedelte, denn seine Hinterhand wurde von der Mitte seines Rückens aus bewegt und bewegte sich im Rhythmus des Schwanzes. Sein Aussehen war perfekt. Da er von Pagan I. abstammte, besaß er nicht nur schwarze Augen und eine kohlschwarze Schnauze, sondern auch das weitere Merkmal der Hunde seiner Zeit, die schwärzesten aller schwarzen Ohren – ein Merkmal, das heute bei Irish Terriern völlig verloren gegangen ist. und niemals, so heißt es, wiedererlangt werden.

Abgesehen von einer liberalen Bildung und den vielfältigen Kenntnissen, die er sich angeeignet hatte, ganz zu schweigen von einer wunderbaren Reihe kluger Tricks, war bei ihm der sogenannte Orientierungsinstinkt in einem ganz ungewöhnlichen Ausmaß entwickelt. Schon als Welpe waren davon deutliche Spuren zu erkennen; aber es war ihm jederzeit unmöglich, sich zu verirren. Als er älter wurde, wurde dieser Instinkt so ausgeprägt, dass andere sich fragten, ob es bei Hunden einen sechsten und vielleicht siebten Sinn gab, der weit außerhalb der Reichweite menschlicher, begrenzter Intelligenz lag.

Hunde sind, wie wir alle wissen, nicht die einzigen Tiere, die diesen geheimnisvollen Instinkt besitzen. Sie teilen ihn mit vielen anderen Klassen, wie denen der Katzen, und auch mit den Vögeln und einer Reihe von Insekten. Tatsächlich scheinen alle Tiere ihn in unterschiedlichem Ausmaß zu besitzen; sie sind alle mehr oder weniger in der Lage, ihren Weg nach Hause zu finden. Doch wie sehr wir ihn auch untersuchen, wir liegen falsch, wenn wir versuchen, ihn zu erklären. In vielen Fällen wird der Heimkehrinstinkt anscheinend vom Sehsinn gesteuert; viele wissenschaftliche Beobachter hegen jedoch die Vorstellung, dass in den meisten Fällen der Geruchssinn die Ursache der Sache ist. Möglicherweise haben sie recht.

Wenn wir jedoch mit einer außergewöhnlichen Demonstration dieser Sinne konfrontiert werden, müssen wir gestehen, dass uns keine der gegenwärtig vorgebrachten Theorien überzeugen. Es ist nichts Ungewöhnliches, dass ein

Hund seinen Weg nach Hause auf einer Straße findet, die er vorher noch nicht befahren hat, mit dem Wind und im Dunkeln. Dem Autor ist ein Fall bekannt, in dem ein Hund das Schiff, mit dem er gekommen war, in einem fremden Hafen wiederfand, in den er gebracht worden war, und eine Seereise sowie eine beträchtliche Reise über Land auf seiner Rückreise in dieses Land unternahm, um nach Hause zu gelangen. Auch eine Katze fand, soweit dem Autor bekannt ist, ihren Weg zurück nach Hause, obwohl sie in einem Sack, der auf dem Boden des Gigs eines Bauern lag, eine weite Strecke zurückgelegt worden war und obwohl die Rückreise durch die Straßen einer geschäftigen Stadt führte. Jeder kann die Fähigkeiten einer Biene auf die gleiche Weise testen, indem er ein kleines Stück Watte an ihr befestigt. Wenn sie freigelassen wird, fliegt sie auf geradem oder schnurgeraden Weg zu ihrem Bienenstock, auch wenn dieser in beträchtlicher Entfernung liegt. Es ist unnötig, auf die Leistungen von Brieftauben einzugehen, wenn sie nach einer langen Reise und vielen Stunden freigelassen werden, oder auf die Art und Weise, wie insbesondere Saatkrähen und Stare ihren Weg zu ihren üblichen Schlafplätzen über weite, in dichten Novembernebel gehüllte Täler finden.

Auch dürfen wir hier nicht der Versuchung erliegen, die uns die bloße Erwähnung von Zugvögeln bietet, obwohl wir uns durchaus fragen können, welche Kraft es einer Schwalbe ermöglicht, die Ufer des oberen Nils zu verlassen und zu dem Nest zu gelangen, das sie im Jahr zuvor verlassen hat, unter dem Dachvorsprung eines Häuschens am Ufer der oberen Themse? Oder was die Turteltaube Jahr für Jahr von den mit Oleander bewachsenen Ufern der Flüsse Marokkos in den angenehmeren Schatten unserer englischen Wälder führt? Doch markierte Vögel haben die Wahrheit dieser und noch weiterer wunderbarer Leistungen bewiesen.

Der Instinkt, die dringende Notwendigkeit, sich richtig zu ernähren, der Fortbestand des Stammes – die gebieterischsten Gesetze der Natur – liegen zweifellos vielen Geheimnissen zugrunde. Doch dies zu sagen bedeutet nicht, den Sinn vor uns zu erklären, ebenso wenig wie die unzähligen Probleme zu lösen, die auf unseren verschiedenen Straßen verstreut sind und über die wir bei jedem Schritt, den wir gehen, stolpern. Abgesehen von solchen systematischen und scheinbar wissenschaftlichen Arbeiten wie denen der Ameisen, Bienen und Wespen finden wir im Tierreich ständig Kräfte, die ausgeübt werden, wie zum Beispiel im Fall der Regenwürmer und Maulwürfe lassen sich nicht mit den Worten Instinkt, Intelligenz und Notwendigkeit erklären. Das bescheidenste aller Tiere scheint oft mit Leichtigkeit und Vertrautheit mit Kräften umzugehen, deren Ausmaße es sich scheinbar, wenn nicht offensichtlich, nicht bewusst sein muss. Aber wenn Letzteres wahr ist und diese blinden Tiere blind gehen, was sollen wir dann von uns selbst sagen, wenn wir häufig das Gleiche tun und mit Kräften umgehen, die wir überhaupt nicht definieren können?

Dieser Exkurs ist lang, aber selbst jetzt muss noch ein weiterer Schritt getan werden. Der Mensch hat im Hund seinen einzigen wirklichen Vertrauten in der gesamten Tierwelt. Es wird allgemein anerkannt, dass der Hund in außergewöhnlichem Maße vom Menschen abhängig ist und der Mensch oft auch weitgehend vom Hund, und dass wir hier ein weiteres Beispiel für diese gegenseitige Abhängigkeit haben, die überall in der Natur und überall, wo wir hinschauen, zu finden ist. Dies ist jedoch nicht der Hauptpunkt bei der Betrachtung der zwischen den beiden bestehenden Beziehung. Es gibt etwas viel Tieferes, das viel weiter geht.

Der Mensch, so wird uns gesagt, hat die höchste Herrschaft auf der Erde inne. Er ist König über alles Lebende, ob groß oder klein; und dies stellt zugleich seine Gabe und seine Verantwortung dar. Doch diese höchste Macht wird ständig modifiziert, nicht nur durch die Kräfte, die er zu kontrollieren sucht – deren sogenannte Gesetze er befolgen muss, wenn er sie nutzen will –, sondern auch durch genau jene Geschöpfe, zu denen er in der Beziehung eines Königs steht. Hier, im Tierreich, steht erneut das Handeln des Hundes an erster Stelle; denn welche modifizierenden und beeinflussenden Kräfte können jene übertreffen, die einen häufigen und praktischen Eindruck auf die Handlungen dieses sogenannten Königs machen – indem sie, wie der Hund es oft tut, an den moralischen Sinn des Menschen appellieren; indem sie Liebe außerhalb des eigenen Kreises des Menschen fordern, als Gegenleistung für bedingungslose Liebe; indem sie eine größere Selbstaufopferung fordern, angesichts einer Vertrauenswürdigkeit und Loyalität, die hier und nirgendwo sonst in der Natur in diesem unerschütterlichen Ausmaß gezeigt wird?

Der Hund tut dies alles und noch mehr, wie noch gezeigt wird, und zwar auf eine Art und Weise und mit Instinkten, die ebenso unergründlich sind wie der, auf den gerade Bezug genommen wurde.

Es ist Zeit, auf die einfachere Angelegenheit von Dan zurückzukommen, damit Beispiele gegeben werden können, wie er bei einer von vielen Gelegenheiten seinen Orientierungssinn und auch sein Auge für die Gegend unter Beweis stellte.

Der Schriftsteller musste mit der Bahn in eine benachbarte Stadt fahren. Die Entfernung betrug in Luftlinie nicht mehr als zehn Kilometer, aber die Bahnfahrt dauerte fast eine Stunde und erforderte einen Umstieg und ein Warten an einer Kreuzung. Daniel begleitete ihn, da er diese Reise noch nie zuvor gemacht oder die Kreuzung oder den Bahnhof der betreffenden Stadt besucht hatte. Bei der Ankunft beschloss der Schriftsteller, zu Fuß zu gehen. Städte waren Daniel fast völlig fremd, und obwohl anfangs alles gut ging, erlag er schließlich der Faszination der Straßen und verschwand. Sofort wurden alle Mittel ergriffen, um ihn zu finden; die Polizeiwache wurde aufgesucht, die Droschkenfahrer wurden gewarnt und eine Belohnung ausgesetzt. Am Ende musste der Schriftsteller ohne den Hund zurückkehren und sich den Vorwürfen der Familie stellen. Für den Rest des Abends legte sich Düsterkeit über das Haus. Doch kurz nach zehn war ein Bellen zu hören, die Haustür wurde aufgerissen und Daniel trat ein; in einem Zustand, der, wie man hinzufügen kann, an Hysterie grenzte, und mit dem Schwanz des Hundes, der heftiger wedelte als je zuvor. Es waren sieben Stunden vergangen, seit er vermisst worden war, und es wurde nie Licht darauf geworfen, wie er die Reise bewältigt hatte.

Das Gedächtnis eines Hundes ist sprichwörtlich. Es gibt viele Gründe zu der Annahme, dass viele Hunde Sie nie vergessen, wenn sie einmal an Ihrer Hand gerochen haben. Sie scheinen sich aber auch oft Gedanken darüber zu machen, was sie sehen, und diese im Gedächtnis zu behalten. Ein Retriever, der lange auf einem Anwesen gearbeitet hat, kennt die Position fast aller Tore und Zauntritte auf jedem Feld und wird sein Wissen bei sich ergebenden Gelegenheiten sofort anwenden. Er scheint auch die Fahrten durch die Wälder in seinem Umkreis zu kennen und zu wissen, wohin sie führen. Mit anderen Worten: Er hat, um es mit der Jagdsprache zu sagen, ein Gespür für das Land; und hier ist ein Beispiel aus Daniels Leben zur Veranschaulichung.

Um ein Nachbardorf zu erreichen, benutzte der Schriftsteller einmal ein Dreirad. Es gab nur eine Straße zu diesem fünf Meilen entfernten Dorf, und diese wurde auf der einen Seite von Wäldern und auf der anderen von der Themse begrenzt, die man zunächst überqueren musste. Hier und da zwischen der Straße und dem Fluss standen Häuser, deren Gärten und Grundstücke von Mauern und Zäunen umgeben waren, die bis zum Flussufer reichten. Der Treidelpfad befand sich auf der anderen Seite. Zufällig holte ein anderes Dreirad den Schriftsteller ein und überholte ihn, nachdem er drei Meilen zurückgelegt hatte. Dan war voraus, verwechselte diese Maschine mit seiner eigenen und verschwand außer Sichtweite. Da das Wetter bedrohlich schien, beschloss der Autor, nach Hause zurückzukehren, denn er war zuversichtlich, dass der Hund seinen Fehler bemerken und ihm folgen würde. Nun überholte ein Fahrrad den Schriftsteller, dessen Fahrer auf Nachfragen antwortete, er habe einen Irish Terrier gesehen, der vor einem Dreirad galoppierend in das Dorf kam, das er drei Meilen zurück verlassen hatte. Es blieb nichts anderes übrig, als gemächlich nach Hause zu gehen und ab und zu zu warten, ob der Hund kam, während sein Nichterscheinen ihn immer unruhiger machte. Endlich war das Haus erreicht – und auf der Matte vor der Haustür saß Daniel!

Der Hund war vollkommen trocken und hatte noch den Staub der Straße an sich. Er konnte also nicht durch den Fluss geschwommen sein; außerdem hatte er keinen Geschmack am Wasser. Ebenso war er nicht auf der einzigen Straße gekommen; es war unmöglich, dass er durch die Wälder oder das Land zwischen der Straße und dem Fluss gewandert war. Es gab nur eine Lösung für das Problem, und diese war zweifellos richtig. Bei seinen Spaziergängen entlang der Hügel musste der Hund eine Eisenbahnlinie im Tal und ihre Brücke über den Fluss bemerkt haben. Er war sicherlich nie entlang dieser Eisenbahnlinie oder über diese Brücke gegangen. Aber er erinnerte sich an ihre Existenz, als er sich verirrte, fand seinen Weg dorthin, überquerte den Fluss, ohne schwimmen zu müssen, und erreichte querfeldein rechtzeitig sein Zuhause, um sein Herrchen zu treffen, und mit einem Gesichtsausdruck, der sagte: „Na – was sagst du dazu?"

Es muss noch eine weitere Geschichte über ihn erzählt werden, die seinen außergewöhnlichen Scharfsinn und seine Entschlossenheit zeigt. Wenn er sich etwas vorgenommen hatte, waren die Backsteinmauern nahezu machtlos, ihn aufzuhalten. Er gehorchte einem Mann, wenn er dabei war; In seiner Abwesenheit handelte er ausschließlich zur Verwirklichung der Pläne, die er im Sinn hatte, und stets mit einem wissenden Gesichtsausdruck.

Er war zu Besuch im Westen Englands und hatte sich schnell zurechtgefunden. Eines Tages beim Mittagessen war jemand so voreilig, in Dans Beisein zu bemerken, dass die Kutsche abfuhr. Mit der Kutsche mitzulaufen war streng verboten, und Dan ärgerte sich immer darüber, ebenso wie er eingesperrt wurde, bevor die Kutsche kam. „Kutsche" war eines der 38 Wörter, mit denen er bestens vertraut war, und als er es bei dieser Gelegenheit hörte, machte er sich vielleicht im Geiste Notizen zu Plänen, an denen er sich nicht beteiligen wollte, wie er schwor. Wie dem auch sei, kurz bevor die Stunde kam, in der die Kutsche abfahren sollte, war Dan nirgends zu finden.

Die Straße, die vom Haus wegführte, verzweigte sich nach etwa einer Meile in drei; und als dieser Punkt an dem betreffenden Nachmittag sichtbar wurde, sah man eine gelbe Gestalt regungslos dort stehen und offensichtlich darauf warten, zu sehen, welchen der drei Wege die Kutsche nehmen würde. Unnötig zu erwähnen, dass es Dan war und dass er natürlich seinen Lauf hatte.

Aber es muss Schluss sein mit der Chronik der weiteren bemerkenswerten Leistungen dieses rundum bemerkenswerten Hundes – seine weisen Kommentare, als er älter wurde, seine treue Erfüllung seiner Pflichten, als er nachts durch die Gänge streifte, seine intensive Liebe zum Sport und seine Taten dabei Trotz seiner hoffnungslosen Scheu vor Waffen, seines großen Herzens und dieser schönen Manieren, die er immer noch mit kläglichen Anstrengungen an den Tag zu legen versuchte, selbst als er sich nur mit großer Mühe bewegte und sowohl taub als auch fast blind war. Er war einfach ein Edelmann; und er hatte etwas von der Höflichkeit der alten

Schule an sich, die bei manchen Hunden noch spürbar sein wird, wenn wir selbst die Kunst endgültig und völlig verloren haben.

Daniel wurde mittlerweile alt, falls er das nicht schon längst getan hatte. Es war offensichtlich, dass er nicht mehr lange durchhalten konnte – vielleicht ein Jahr; nicht mehr – und es war daher notwendig, eine Zweitbesetzung zu finden. Irish Terrier gehörten schon seit vielen Jahren zum Haushalt. Es muss noch ein weiterer entdeckt werden, obwohl sich alle einig waren, dass es niemals einen anderen wie Dan geben könnte.

So kam es, dass in geeigneten Gegenden Nachforschungen angestellt wurden und ein Brief an jemanden geschickt wurde, dem man vertrauen konnte und der im ganzen Land für die Hunde bekannt war, die er besaß.

V

„Ja", kam die Antwort; „Ich glaube, ich habe genau den Hund, der zu dir passt. Mit einem alten Hund im Haus, wie Sie ihn beschreiben, würde nicht jeder Hund auskommen; aber der, von dem ich spreche, ist ein *guter* Hund mit guten Manieren und einem sehr sanften Wesen. Du weißt, dass ich meine Hunde nicht verkaufe, aber diesen sollst du für – Guineen haben, und ich werde ihn an jedem Tag vorbeischicken, der dir passt.

„Ich habe vergessen zu sagen, dass er wohlerzogen ist; Postbote-Barbara. Er ist als Murphy eingetragen."

Zwei Tage später wurde eine Hundebox auf den Bahnsteig eines kleinen Landbahnhofs gestellt und vom Autor sofort geöffnet. Unten im Heu lag ein armes, kriechendes kleines Tier, das herausgehoben und dann flach auf den Bahnsteig gelegt werden musste. Es war so verängstigt, dass es sich durch nichts bewegen ließ; der einzige Ausweg aus dieser Situation war, es unter dem Lächeln der anderen hochzuheben und mit ihm den Bahnhof zu verlassen.

An einer ruhigen Wegbiegung wurde der Hund abgesetzt, da er etwas schwer war, und man ihn wieder nicht dazu bringen konnte, zu gehen oder auch nur auf den Beinen zu stehen. Immer wieder verhielt er sich so, bis er schließlich das Haus erreichte und auf einer Matte neben dem Feuer abgelegt wurde, neben einer Schüssel mit gutem Futter.

Und dieser arme kleine Elende war Murphy! Murphy, der Hund mit dem Stammbaum von Königen und sogar Kaisern; der Hund, der einen Hasen zum Stehen gebracht hatte; der Hund mit dem fröhlichsten Gemüt von allen im Zwinger, und der der Liebling und Spielkamerad der ganzen großen Gesellschaft gewesen war. Wenn dies das Ergebnis von Stammbäumen war, war es besser, sofort mit dem Erbprinzip aufzuräumen; wenn dies das Bild eines fröhlichen Gemüts war, war es besser, zu versuchen, was chronische Depressionen zu zeigen hatten. Ein trauriger Liebling. Bis jetzt hatte man den Verdacht gehegt, dass ein Spielkamerad zumindest schwul sein sollte. Das war alles offensichtlich ein Irrtum.

„Murphy!" – Dieses halb verhungert aussehende Ding, das sich weigerte, sich zu rühren oder zu essen, kannte nicht einmal seinen Namen. Wenn eine Bewegung in seine Richtung gemacht wurde, drückte er den Boden fester als zuvor und bewegte sein Kinn auf dem Teppich vor und zurück in bitterem Entsetzen. Die Küste war absichtlich freigelassen worden und Dan war mit dem Rest der Familie unterwegs.

Plötzlich schaute einer hinein und sagte ohne weitere Umschweife: „Oh, du armes, elendes, geschrumpftes kleines Ding. So einen Hund können wir nicht halten – das ist unmöglich!"

Später erschien Dan. Der junge Hund stand auf, ging respektvoll auf ihn zu und leckte ihm bedächtig die Lippen. Dan wedelte mit dem Schwanz. Sie waren Freunde. Dann kroch der Neuankömmling noch einmal auf dem Bauch zur Ecke des Kaminvorlegers und blieb dort stehen und schauderte, wenn sich jemand näherte. Was hatte das alles zu bedeuten?

Auch als sich die Familie zur Nachtruhe zurückzog, war es nicht besser: in Wahrheit war es viel schlimmer. Die geheimnisvollsten Geräusche stiegen aus dem unteren Stockwerk auf und wurden immer lauter. Sie weckten den einen und dann den anderen, bis sie schließlich jemanden aus dem Bett rissen. Solch unheimliches Stöhnen hatte man selten zuvor aus der Kehle eines Lebewesens gehört. Natürlich war es der „neue Hund", wie man ihn bereits nannte, denn er war sicherlich keinen Namen wert.

Am nächsten Tag wurde eine Konferenz abgehalten, um zu besprechen, was man tun könnte, doch das Ergebnis war wie üblich, dass einige das eine sagten, andere das andere, und es wurde keine endgültige Entscheidung getroffen. Wäre die Angelegenheit zur Abstimmung gestellt worden, wäre der Hund mit ziemlicher Sicherheit sofort dorthin zurückgebracht worden, wo er herkam, trotz der Bemerkung von einer Seite, dass ein solcher Kurs zu etwas Ernstem führen könnte.

„,Einem Hund einen schlechten Ruf geben...' Den Rest kennen wir alle. Diesen Hund zurückzugeben bedeutet, dass er mit ziemlicher Sicherheit erschossen wird – zumindest würde ich keinen Penny für sein Leben geben."

Murphy lag inzwischen zusammengerollt in seiner Ecke des Kaminvorlegers, mit weit geöffneten Augen, und beobachtete aufmerksam jede Bewegung. Dan sagte nichts, ging seines Weges und stimmte dafür, das Haus auf den Kopf zu stellen.

Dieser Tag verging ohne Besserung, obwohl alle Anstrengungen unternommen wurden und ein Spaziergang auf den Feldern unternommen wurde: Die Nacht verbrachte der Fremde in Gesellschaft, denn er schien Angst davor zu haben, allein gelassen zu werden. Am darauffolgenden Tag verschlimmerte sich die Lage leider noch. Es ist das Schicksal vieler, die niedergeschlagen werden: Wer Glück hat, trifft auf Glück; die Unglücklichen, häufiger, mit Unglück. Die Welt ist voll von bemerkenswert seltsamen Verordnungen; Oder besser gesagt, das Leben ist voll von Ereignissen, die oft die letzten sind, die man sich wünscht. Von dem, der nicht hat, wird nicht nur das genommen werden, was er hat, sondern auch das, was „er zu haben scheint". So sei es. Zweifellos hat er es in den meisten Fällen verdient, so benachteiligt zu werden. Bei manchen sind solche Dinge jedoch schwierig.

Der Raum, in dem Murphy seine Wohnung bezogen hatte, war teils Bibliothek, teils Atelier und teils eine Menge anderer Dinge. An diesem zweiten Morgen nach der Ankunft des jungen Hundes wurde an einem großen Bild gearbeitet – die Leinwand maß sechs Fuß; und wie perverserweise festgestellt wurde, ereignete sich gerade hier ein Unfall, der durchaus für unmöglich gehalten werden konnte. Tatsächlich war die Staffelei mit ihrer riesigen Leinwand umgekippt und brachte viele Dinge in die Schwebe, als sie fielen; und mit dem Schicksal, das allzu oft die Unglücklichen verfolgt, wurde Murphy plötzlich unter einer gemischten Ansammlung von Gegenständen begraben, die ihm bisher fremd gewesen waren. Um das Ganze noch schlimmer zu machen, wurden eine ganze Reihe von Rinder- und Schafsglocken aus verschiedenen Teilen der Welt zum Läuten gebracht, andere wurden entfernt; und für den Moment schien es, dass der Hund mit Sicherheit getötet worden sein musste. Das einzig Gute, was sich später aus dem seltsamen Vorgehen herausstellte, war, dass der Hund kein Wimmern von sich gegeben hatte. Aber wenn er zuvor Angst hatte, war er jetzt von Angst erfüllt; und die Lage hatte sich daher immer schlimmer entwickelt.

Es besteht kaum Bedarf zu beschreiben, was folgte. Einerseits wurde davon ausgegangen, dass dies der sprichwörtliche letzte Tropfen war, der das Fass zum Überlaufen brachte; dass der Hund sich jetzt sicherlich nie mehr erholen würde; und dass daher das Einzige, was getan werden konnte, darin bestand, ihn zurückzuschicken, mit der ernsthaften Bitte, sein Leben zu verschonen. Doch am Ende setzten sich erneut kühlere Urteile durch. Der Hund hatte nicht gewimmert. Da war etwas drin. Darüber hinaus war seinem ohnehin schon unglücklichen Geist durch das, was jetzt geschehen war, ein Schaden zugefügt worden, und wenn nicht alle Ehre aufgehört hatte, zwischen Mensch und Hund Platz zu nehmen, war ihm sicherlich Wiedergutmachung schuldig. In einem Viertel war darüber hinaus ein Gefühl des Mitleids entstanden – eine Tatsache, die damals zwar nicht vermutet worden war, aber den Kern beweisen sollte, um den sich Murphys gesamte Zukunft drehen sollte. Ein Appell an das Herz kann, wenn er einmal nach Hause kommt, nie wirklich scheitern – es sei denn, wie Murphys Landsleute sagen würden, die Person, an die er appelliert, erweist sich als herzlos.

So enthielt ein Blatt Papier, das am selben Abend das Haus verließ, folgende Worte:

„Ich hätte Ihnen vorher wegen Murphy schreiben und Ihnen auch den beiliegenden Scheck schicken sollen. Aber um die Wahrheit zu sagen, dieser Hund hat mich so sehr verwirrt, dass ich absichtlich ein oder zwei Tage gewartet habe, bevor ich Ihnen geschrieben habe. Ich besitze seit vielen Jahren Hunde verschiedener Rassen und Temperamente; Aber in meiner ganzen Erfahrung bin ich noch nie einem Hund begegnet, der so nervös war wie dieser: Es ist erbärmlich, ihn zu sehen. Selbst die Anwesenheit meines alten Hundes hilft ihm nicht; und eigentlich konnte ich bisher nichts aus ihm machen. Vielleicht geht es ihm besser; aber ich bezweifle es fast. Ich frage mich, ob der Hund, ohne dass Sie es selbst wussten, grausam behandelt wurde. Ich schaue ihn immer wieder an und wundere mich, denn ich kann diesen Hund, der vor mir liegt und niemals die Augen schließt, irgendwie nicht mit der Beschreibung in Verbindung bringen, die Sie über ihn geschrieben haben. Die Reise würde es nicht erklären. Wir müssen jedoch auf das Beste hoffen."

Darauf kam die Antwort:

„Angesichts dessen, was Sie mir über den Hund erzählen, kann ich Ihren Scheck natürlich nicht annehmen und ihn daher zurückgeben. Aber behalten Sie den Hund bitte einen Monat oder sechs Wochen oder so lange Sie möchten und schreiben Sie mir dann erneut. Ich versichere Ihnen, dass der Hund ein *guter* Hund ist. Vielleicht ist ihm seine Umgebung fremd. Das muss sie sein. Der alte Hund wird ihm helfen, wieder auf die Beine zu kommen, da bin ich mir sicher."

Ein paar Tage später öffnete sich die Tür, und ein Fremder wurde angekündigt. Murphy saß wie gewöhnlich auf dem Kaminvorleger; Leinwand und Staffelei waren in eine Ecke verbannt worden, und man versuchte, Murphy an das Klicken einer Schreibmaschine zu gewöhnen – ein Geräusch, dem er offensichtlich misstraute.

„Ah, Murphy, du bist ein netter Hund, nicht wahr?" Der Hund war zur Tür gegangen, und die große Gestalt des Oberherrn bückte sich, um ihn zu bemerken. „Ich möchte immer gern sehen, wohin meine Hunde gehen, wenn möglich", fügte er hinzu; „und ich wollte von dir hören und auch selbst sehen, was los war, denn das ist ein guter Hund – ein netter Hund: Ich weiß, dass er das ist. Er wird schon wiederkommen. Bitte gib ihm nur Zeit; und wenn er dir dann nicht gefällt, schick ihn zurück. Er ist ein so guter Hund – sanft, du weißt schon, sanft – wie ich ihn gezüchtet habe. Ich kann dir versichern, dass ich abgelehnt habe (ich erwähnte mehrere hundert Pfund) – ich habe diese Summe für ein Paar seiner Verwandten erst letztes Jahr abgelehnt; du wirst also urteilen, dass er in Sachen Klasse ganz gut genug ist."

„Warum hast du abgelehnt? Die meisten Leute hätten auf so ein Angebot sofort reagiert."

„Nun – ich werde es dir sagen. Mir gefiel das Gesicht des Mannes nicht, der sie wollte; sonst nichts: Ich mag es immer zu sehen, wohin meine Hunde gehen und zu welchen Menschen sie gehen; und nachdem ich Ihren Brief erhalten hatte, beschloss ich, die Reise hierher anzutreten, sobald ich Zeit dazu finden konnte. Er ist ein netter Hund; ein guter Hund – da bin ich mir sicher.“

„Du glaubst doch nicht, dass der Vorschlag, den ich gemacht habe, irgendeine Erklärung für seine extreme Nervosität enthält, oder?“

„Nun – ich weiß jetzt, dass es so ist. Allerdings bin ich der Sache erst heute Morgen auf den Grund gegangen. Diese Dinge werden nicht in einer Minute erreicht, wissen Sie? Ein Arbeiter spaltet sich sehr selten auf einen anderen.“

Dann folgte die ganze Geschichte. „Es war grausam – grausam“, sagte er am Ende zusammenzuckend und schloss mit: „Ich kann Ihnen genauso gut sagen, ich mochte den Mann nie. In der letzten Zeit wurde seine Arbeit jedenfalls immer schlechter, und ich entließ ihn.“

Dann herrschte Stille. Zwei große Männer saßen da und sahen den Hund an, der zwischen ihnen lag. Die Augenbrauen des Hundes bewegten sich unaufhörlich; seine glänzenden Augen wanderten von einem zum anderen; und schließlich stieß er einen tiefen Seufzer aus, als wollte er sagen: „Es ist alles ganz wahr – ganz wahr.“

Falls es vorher Bedenken gegeben hatte, Murphy zu behalten, war das jetzt vorbei. Hier war ein Hund – ein junges Leben –, der einst, und das ist noch gar nicht so lange her, die Freude des Zwingers gewesen war, die Verkörperung unbeschwerten Spaßes und Glücks; der vielversprechendste von allen Jüngeren und einer, der sich nie eines Unrechts schuldig gemacht hatte. Schickt ihn zurück! Gebt ihn auf! Was würde sein Schicksal sein, wenn er woanders hinginge? Der Tod? Seht ihn euch an. Seht euch seine großen, glänzenden Augen an. Sie zeugen natürlich von Nervosität – wahrscheinlich von angeborener Nervosität. Dieses dumme Ding und einer von uns hatten grausames Unrecht begangen . Gebt ihn auf! Offensichtlich stand alles, was ihm am wertvollsten war, auf dem Spiel, und es behauptete das genaue Gegenteil.

Warum sollte einem Hund eine andere Gerechtigkeit zuteil werden als einem Menschen? Ist die Überlegenheit immer nur auf einer Seite? Jeder Mensch weiß in seinem Herzen, dass dies nicht der Fall ist; der Hund ist oft der bessere von beiden.

Wie die Gedanken durch das Gehirn rasten!

„Murphy?“ Es war sein neuer Herr, der ihn jetzt rief.

Vielleicht hatte die Anwesenheit des Oberherrn dem jungen Hund Selbstvertrauen gegeben: *Er* war zumindest mit glücklichen Zeiten verbunden. Murphy stand zögernd auf und kam mit hängenden Ohren zum Stuhl seines neuen Herrn. Er ließ sich sogar in den Schoß dieses neuen Herrn nehmen, wenn auch nicht ohne große Nervosität.

Und danach erhob sich der Oberherr und verabschiedete sich.

„Nein, Murphy, wir trennen uns nicht", waren die letzten Worte, die er hörte, als er die Tür verließ; und dies war das letzte Mal, dass der großzügige Oberlord Murphy zu Gesicht bekam.

VI

Andere lachten, als sie das endgültige Urteil hörten, und nannten das Unterfangen hoffnungslos und sentimental. Die Hoffnungslosigkeit musste noch bewiesen werden; und was den sentimentalen Teil der Sache anbelangt, so behauptete jemand, dass den meisten Dingen Gefühle zugrunde liegen. Es mag aus philosophischer Sicht unpraktisch sein und oft auch ein passender Gegenstand für einen Spott; aber Gefühle waren dennoch im Allgemeinen eine Quelle der Stärke! Ohne sie würden weder Nation noch Mensch wahrscheinlich weit kommen; sie spiegelten den edelsten Teil der menschlichen Natur wider und berührten eine Nation an ihrem innersten Kern, wenn Flaggen überhaupt etwas bedeuteten und man ihnen folgen und sie hochhalten sollte.

Es wurde viel darüber geredet. Dieser Hund war so anders als Dan. Es ging nicht darum, darüber zu streiten, schon gar nicht über abstruse Dinge. Der Hund hatte einen Nervenschaden erlitten, und zwar zugegebenermaßen durch Misshandlung. Wahrscheinlich war er von Anfang an nervös gewesen, und deshalb bestand umso weniger Aussicht auf Genesung.

Hinzu kommt die Tatsache, dass viele wohlerzogene Hunde von Natur aus nervös sind und dies ihr Leben lang bleiben. Ihr Zustand ist in dieser Hinsicht wahrscheinlich größtenteils auf die Entwicklung ihres Gehirns und ihre gesteigerte Vorstellungskraft zurückzuführen.

Das könnte der Fall sein, kam die Antwort; aber trotzdem – wie wäre es mit dem Schwanz? Die nervöse Organisation dieses Hundes und seine Vorstellungskraft hatten mit seinem Gehirn zu tun, dessen Augen sich als entwicklungsfähig erwiesen. Diese Punkte hatten mit dem Kopf zu tun. Was ist mit dem anderen Ende? Wie wir alle wissen, ist der Charakter eines Hundes sowie sein unmittelbares Vorgehen ausschlaggebend für seinen Schwanz – den Winkel, in dem er gehalten wird, die Art und Weise, wie er sich bewegt oder steif und unbeweglich bleibt; seine Position vor einem Kampf, seine Drehung zur Seite beim Pirschgang, seine selbstbewusste Haltung, wenn der Besitzer „seinen Schwanz hochgesteckt" hat. All dies sind so viele Signale, die sowohl von Menschen als auch von anderen Hunden allgemein erkannt werden. Wenn man das alles zulässt, was sollte hier gesagt werden? Dieser Hund war nun seit mehreren Tagen im Haus, und anscheinend hatte niemand seinen Schwanz gesehen: Er war fest unten gehalten worden, und zwar so, dass man vermuten konnte, dass er, wenn er lang genug gewesen wäre, gut zwischen seinen Beinen gewesen wäre.

Daraufhin sagte jemand, er habe ihn einmal gesehen und er sei buschig gewesen; die einzige Wirkung dieser Bemerkung war, dass er die Erwiderung hervorrief, „ *dann* musste man daran ziehen". Ein anderer behauptete, natürlich könne man auf nichts hoffen, bis er seinen Schwanz hochhielte: die Aufgabe sei, herauszufinden, wie man eine so wichtige Bedingung im Fall des Schwanzes dieses speziellen Hundes erfüllen könne. Zweifellos war das Erste, was man tun musste, ihm beizubringen, auf seinen Füßen zu stehen: es war offensichtlich unmöglich, irgendetwas mit dem Schwanz zu versuchen, bis dies erreicht war. Bis jetzt ließ sich seine Haltung am besten als die der Bauchlage beschreiben. Wenn sich jemand bewegte, duckte er sich noch tiefer; wenn man ihn überredete, einen anderen Raum als den zu betreten, den er besonders bevorzugt hatte, kriechte er; wenn es irgendeine plötzliche Bewegung oder ein Geräusch gab, erschrak er; und außerdem war es offensichtlich, dass er nie ein Wachhund sein konnte, denn er weigerte sich, allein zu schlafen.

Natürlich hätte er zurückkehren sollen; und alle diese Vorstellungen, ihn „zur Vernunft zu bringen", ihm eine zweite Chance und ein glückliches Leben zu geben, waren nichts als hochtrabender Blödsinn.

Angesichts solcher Argumente, die offensichtlich auf universellem Zeugnis basierten, musste, so die Schlussfolgerung, selbst der Glaube der am stärksten betroffenen und voll verantwortlichen Person letzten Endes nachgeben.

Aber wenn Ratschläge und Meinungen die getroffene Entscheidung nicht ändern konnten, gaben sie auch keine Antwort auf die wichtige Frage: Wie konnte man das Vertrauen dieses Hundes gewinnen, wenn man sah, dass er behalten werden sollte? Natürlich gab es Hoffnung in Dan. Er würde ihm viele Dinge beibringen und ihm noch viel mehr erzählen. Man setzte viel Vertrauen in diese Richtung. Aber selbst dann, was war mit der allgemeinen Ausbildung? Dieser Hund würde randalieren, ungehorsam und widerspenstig sein, jagen, wann und wo er es nicht sollte, wie andere Hunde vor ihm, oder sogar Schafe verjagen. Wenn diese Dinge passierten, was sollte man tun? Ihn zu verprügeln wäre für einen Hund mit einem solchen Temperament fast ein Akt der Grausamkeit: Es könnte ihn nervöser machen als je zuvor, selbst wenn man ihn zu diesem Zweck fangen und ihm die Grundlagen von Ursache und Wirkung beibringen könnte. Dan hatte gelernt, „zu kommen und sich verprügeln zu lassen", wenn dies notwendig war und er mit diesen höchst ominösen Worten gerufen wurde. Vielleicht ließe sich Murphy auf dieselbe Weise unterrichten: Hunde sind auf die eine oder andere Weise fast ausnahmslos in der Lage, zwischen Gerechtigkeit und Ungerechtigkeit zu unterscheiden und hegen keinen Groll. Diese Überlegung verschaffte Erleichterung. Doch welche Wirkung hätte es auf diesen Hund, wenn Dan in Schwierigkeiten wäre und anfinge, „Mord" zu schreien, wie er es normalerweise tat, lange bevor er den Stock spürte?

Es gab viele Probleme und sie wurden immer zahlreicher, je mehr man über die ganze Angelegenheit nachdachte. Zwei Dinge zeichneten sich von Anfang an ab: Es musste absolute Fairness und Gerechtigkeit herrschen; und, was nicht weniger wichtig war, es durfte nie die geringste Spur von Wutausbruch in dem zu tunden Fall zu sehen sein, wie schwierig der Fall auch sein mochte. Ärger zu zeigen, einen zusätzlichen Schlag zu machen, wenn der Stock oben war, einen Augenblick zu hastig zu sein, würde zum beiderseitigen Unglück ein schmachvolles Versagen bedeuten.

Das ganze Unternehmen war also offensichtlich voller Fallstricke. Doch der Glaube erklärte: Durch Freundlichkeit, Mitgefühl und Selbstbeherrschung könnte das Ziel erreicht, das Vertrauen zurückgewonnen und das junge Leben wieder glücklich gemacht werden.

Als der weitere Aspekt der Frage betrachtet wurde, sah es eher so aus, als ob, während der Mann versuchte, den Hund zu erziehen, der Hund ebenso die ganze Zeit den Mann erziehen könnte. Hier war jemand, der nicht allzu stark war, dessen Nervenapparat erschüttert und dessen Selbstvertrauen völlig untergraben war. Das Verlorene zurückzugewinnen, wäre bei einem Mann schon schwierig genug; wie sollte es bei einem Hund sein? Seltsamerweise waren auch die Lebensumstände beider Parteien hier nicht normal – in einem Fall könnte das nie der Fall sein. Und doch waren diese beiden hier, und durch reinen Zufall, einander gegenübergestellt. Eine seltsame Verbindung schmiedete sich anscheinend, die beiden völlig unbekannt war, und verband den einen fest mit dem anderen, obwohl keiner sich dessen bewusst war.

Erst nach einiger Zeit nahm die Position eine klarere Form an und die Frage wiederholte sich: Was wäre, wenn Mitgefühl erwachsen und sich zu etwas Gerechtem entwickeln würde, mit Liebe und gegenseitigem Vertrauen als Begleiterscheinung? Das könnte vielleicht dazu führen. Der Gedanke machte das Problem noch interessanter, als er durch den Kopf schwebte und wieder verloren ging.

Die mögliche Situation war nichts Ungewöhnliches; es war immer wieder vorgekommen. Die Geschichte lieferte unzählige Beispiele. Die Folklore, die ihre Wurzeln in der Wahrheit hat, erzählte endlose Geschichten ähnlicher Couleur. Der Hund und der Mann; die gegenseitige Abhängigkeit beider: Lebewesen mit gleichen Leidenschaften – Teilhaber gleicher Leidenschaften; Mithelfer, wobei der Fortschritt des einen mit dem des anderen Schritt gehalten hat, und zwar schon seit der Zeit, als in prähistorischer Zeit und in der Jungsteinzeit, wie die gefundenen Knochen belegen, der Hund das Zuhause des anderen teilte der Mensch und aß von seiner Nahrung – schon seit der Zeit, als die Ägypter, obwohl sie ihn als unrein bezeichneten, dieses Tier verehrten und ihm aufgrund seiner Treue und seines Mutes einen Platz als einer von dreien einräumten, die mit ihnen teilen sollten Freuden des Paradieses.

Die gleiche Geschichte lässt sich durch alle Zeitalter verfolgen. Sogar Odysseus konnte eine Träne für Argus vergießen und verbarg dies so gut er konnte vor Eumäus; und Tristrem und Ysolde nahmen der Legende nach Hodain als ihren engsten Gefährten, weil er einst „den Trank der Macht" mit ihnen geteilt hatte. So wandelte auch der große Theron als enger Gefährte des gotischen Königs; und Cavall wurde der treue Diener und Lehnsmann von König Arthur. Der riesige weiße Hund Gorban saß immer an der Seite des walisischen Barden Ummad, wenn dieser seine Lieder sang; und der schöne Bran war Fingals lebenslanger Freund. Die meisten Menschen haben von Wilhelms dem Schweiger Spaniel gehört, der das Leben seines Herrn rettete; und viele haben vielleicht die Gestalt des Hundes gesehen, aus weißem Marmor gefertigt, wie er zu Füßen seines Herrn auf dem bekannten Grab in Delft lag. Wir haben alle von Scotts Maida gelesen. Und während manche vielleicht eine Pilgerfahrt zu jenem langen und schmalen Hügel im Tal von Gwyant unternommen haben, der der Überlieferung zufolge die Ruhestätte des unsterblichen Gelert markiert, haben andere vom treuen Vigr gelesen, der nie wieder etwas aß, als er erfuhr, dass sein Herr Olaf tot war.

Die Geschichten sind endlos; und der Romantik sind bei der Auseinandersetzung mit dem Thema keine Grenzen gesetzt. Es zeigt sich, dass das Leben des Menschen und das des Hundes immer miteinander verflochten sind. Und doch gibt es daneben immer noch dies – die Kluft in der Laute und den vertrauten Refrain, dass das Leben des Hundes kurz sein wird und dass der Mensch seinen Weg mit gesenktem Kopf gehen wird, bis zu der Zeit, in der er wieder reich wird in der Liebe eines neu gefundenen Freundes – wenn das immer möglich ist.

Man hat es gut gesagt: Kein Mensch kann als unglücklich gelten, der die Liebe eines Hundes besitzt; und niemand ist zu arm, um es zu gewinnen, und niemand ist zu hoch, um sich darüber zu freuen und froh zu werden. Zumindest der Hund kennt keinen Klassen- oder Rangunterschied in seinen Bindungen. Für ihn ist sein Zuhause sein Zuhause; sein Herr, sein Meister und Freund, sei es sein Los, dem Landstreicher auf der Straße zu folgen oder hinter einem König zum Grab zu gehen. Und vielleicht liegt es an dem Geheimnis, das hinter dieser wunderbaren Intimität und Verbindung steckt und weit in eine völlig verborgene Vergangenheit zurückreicht, dass es gleichbedeutend ist, den Hund eines anderen Mannes ungerecht zu schlagen, als würde man ihn schlagen; dass man sich, wenn man einen Hund absichtlich verletzt, den schlechtesten Charakter zuzieht und seinesgleichen befleckt; Und wenn ein Hund in Schwierigkeiten ist und Hilfe fordert, bedeutet das, dass er auch das Herz des Menschen beansprucht – und, wie schon oft geschehen, das Leben des Menschen – zur unendlichen Ehre beider.

Solche Heldentaten wurden nicht nur auf der Seite des Menschen vollbracht. Der Mann, die Frau und das Kind sind dem Hund zweifellos oft unter Einsatz ihres eigenen Lebens zu Hilfe gekommen; aber auch der Hund hat sein Leben für den Menschen riskiert – nicht aus moralischem Anspruch, nicht weil das Leben etwas Kostbares ist und gerettet werden muss, nicht wegen dieser Kraft, die antreibt und deren wichtigste Gabe das Gefühl der Befriedigung ist, das selbst den Uneigennützigsten befällt; solche Dinge liegen notwendigerweise außerhalb der Reichweite des Hundeverstandes. Was der Hund tut, tut er aus Liebe, aufgrund seines Glaubens und weil er, anders als jedes andere lebende Tier, in seiner Selbstlosigkeit mehr an seinen Freund denkt als jemals an sich selbst.

Am Ufer eines Sees in Travancore, nicht weit vom abgelegenen Kanton Quillon entfernt, steht ein Denkmal zur Erinnerung an einen Hund. Beim Baden musste er auf die Kleidung seines Herrn achten. Plötzlich konnte man sehen, dass er alles in seiner Macht Stehende tat, um Aufmerksamkeit zu erregen, indem er bellte und aufgeregt am Ufer hin und her rannte. Dann war auf der glatten Oberfläche des Sees eine voranschreitende Welle zu erkennen, und im nächsten Augenblick wurde mir klar, was das bedeutete. Ein Krokodil war zwischen den Schwimmer und den Landeplatz geraten und kam heraus, um seine Beute zu fangen. Die Hoffnung hätte angesichts einer solchen Situation durchaus zunichte gemacht werden können. Aber der Hund zögerte nicht. Er stürzte sich ins Wasser und schwamm hinaus, um zwischen das schreckliche Reptil und seinen Herrn zu gelangen und ihn so abzuwehren. Es bedeutete seinen eigenen sicheren Tod; sondern die Rettung des Lebens seines Herrn. Einen Augenblick später gab es eine heftige Bewegung im Wasser, und der Hund war für immer verschwunden. Um seine großartige Tat zu dokumentieren, steht dieses bekannte Denkmal, das sein Herr aus tiefster Dankbarkeit errichtet hat und damit Passanten erfahren können, wozu ein Hund fähig ist.

Dieser Vorfall ist nicht der einzige seiner Art und kann für sich selbst sprechen. Aber der Einfluss dieser einen Tat war wahrscheinlich weltweit; und es ist die Zurschaustellung solcher Qualitäten, die die moralische Kraft des Hundes weiter ausdehnt, als allgemein angenommen wird. Es gibt in der Tat reichlich Beweise für die Annahme, dass die Schönheiten, die oft im Charakter des Hundes erkennbar sind, unbewusst und zum unendlichen Guten auf die rauesten unserer Art einwirken – indem sie Selbstlosigkeit von denen verlangen, die sonst behaupten würden, wenig zu besitzen; indem sie zeigen, was Liebe unter Stress und Belastung, Härte und rauer Kost sein kann; indem sie Geduld und Treue zeigen; durch jene Instinkte, die den verdorbensten Zuschauer innehalten und nachdenken lassen und die scharfe Frage stellen: „Woher kommt das?"

In Kingsleys *Hypatia* wird Raphael Ben Azra, dessen Kopf von einer falschen Philosophie erfüllt ist, von der Dogge Bran immer wieder dazu gebracht, anders zu handeln, als er es tun würde.

Der „Hund schaut ihm ins Gesicht, wie es nur ein Hund kann" und veranlasst ihn, ihr zu folgen und gegen seinen Willen zurückzugehen. Da sind ihre Welpen. Soll sie sie ihrem Schicksal überlassen? Er fordert sie auf, sich zwischen familiären Bindungen und Pflichtbindungen zu entscheiden: Es handelt sich dabei um eine fadenscheinige Form des Appells. Für sie beginnen die Pflichten bei der Familie; Die Welpen dürfen nicht zurückgelassen werden. Sie kann sie auch nicht selbst tragen. Sie packt Raphael am Rock, nachdem sie ihm die Welpen einen nach dem anderen gebracht hat. Er muss sie tragen, sagt sie ihm; Und wieder einmal tut er das Gegenteil von dem, was er tun würde: Die Welpen werden auf seine Decke gelegt und er und sein Hund gehen gemeinsam weiter.

„Schließlich", sagt er zu sich selbst, „haben diese Leute ein ebenso gutes Recht zu leben wie ich … Vorwärts! Wohin Sie wollen, alte Dame. Die Welt ist groß. Sie sollen meine Führerin, Lehrerin, Königin der Philosophie sein, und zwar nur wegen Ihres gesunden Menschenverstands."

Danach stapft er weiter und „versucht, die Lektionen des Hundes auswendig zu lernen." Er ertappt sich dabei, den Hund um Rat zu fragen, bis er gereizt ausruft: „Zum Teufel mit diesen rohen Instinkten! Die machen einen ganz schön heiß."

Schließlich ist er mit Hilfe des Hundes und dem Beispiel an Energie, das sie gibt, maßgeblich an der Rettung von Victorias Vater beteiligt. Als sich das verwirrte Mädchen ihm zu Füßen wirft und ihn als „ihren von Gott gesandten Retter und Befreier" bezeichnet, muss sogar Ben Azra zugeben, dass ihm das Verdienst in Wirklichkeit nicht zusteht. „Nicht im Geringsten, mein Kind", ruft er aus. „Du musst meinem Lehrer, dem Hund, danken, nicht mir."

Die Erfahrungen des Philosophen im Roman sind nur die von vielen im wirklichen Leben. Der Mensch ist nicht der einzige zivilisierende Akteur in dieser Welt voller Geheimnisse. Und wenn wir oft ausrufen: „Zum Teufel mit dem Hund!", müssen wir ihm dennoch sehr oft folgen, wohin er uns führt, und oft zu unserer größten Bereicherung am Ende.

VII

Es dauerte vier Monate, bis eine Verbesserung erkennbar war; es dauerte ein Jahr, bis man wirklich von einem Zutrauenszuwachs sprechen konnte. In manchen Bereichen wuchs es nie. Arbeitern, Gärtnern und dergleichen gegenüber blieb Murphy beispielsweise immer schüchtern. Das geschah nicht aus Unversöhnlichkeit, denn er war vollkommen höflich; auch hegte er keinen Groll gegen sie, denn Groll war in der Regel durch das Hundegesetz verboten und wurde nur von den ärmsten Charakteren gehegt. So wurde er nie vertraut, nicht einmal mit denen, denen er täglich begegnete: sein Gedächtnis war phänomenal, und indem er auf der anderen Seite vorbeiging, zeigte er, dass seine Verbindungen in dieser Hinsicht unglücklich waren.

Diesem Hund fiel es zu, ein sehr ruhiges Leben zu führen und mit wenigen Menschen zusammen zu sein. Seine Tage wurden von den Taten seines Herrchens bestimmt, und diese wiederum wurden notwendigerweise durch eine Methode bestimmt. Die Wochen kamen und vergingen und unterschieden sich nicht sehr stark von den anderen. Da war der tägliche Arbeitsalltag – fast unaufhörliche Arbeit, da das Leben so und anders erträglich war. Da war die Pause mitten am Vormittag für einen Viertelstundenlauf, bei Nässe oder Sonnenschein. Da war der Spaziergang übers Feld am Nachmittag, ebenfalls völlig unabhängig vom Wetter. Da war der nächtliche Wechsel unter ähnlichen Bedingungen. Das war der Hundetag im Winter; vielleicht auch der des Menschen. Im Frühling und im Sommer lebten beide unter freiem Himmel und betrachteten ein Haus nur als einen Platz zum Schlafen. Gewohnheit ist die zweite Natur. Es gab viele Interessen, und in mancher Hinsicht liefen sie parallel – besonders der Jagdinstinkt war unausrottbar. Das Leben war für beide also überaus glücklich; und durch die Freundschaft wurde das Leben immer schöner: so soll es sein.

Mit denen, die er traf, war Murphy freundlich, wenn auch schüchtern. Er lernte die Mitglieder seines kleinen Heimatkreises lieben; obwohl drei aus dem Quartett immer beteuerten, dass er in Wirklichkeit nur einen ganz und gar liebte und sich auf eine Weise an ihn klammerte, die anderen auffiel – die Leute im Land bezeichneten sie im ganzen Land immer als „Ihn und seinen Hund“. .“

Waren sie nicht immer zusammen? Die Hirten auf den Hügeln erkannten sie aus großer Entfernung, denn Hirten sehen weit. Die Hunde der Hirten kannten sie ebenso gut, und sie sehen am weitesten. Die Pflüger in den Tälern erblickten sie am Horizont im abnehmenden Wintertag, wenn das Gespann ebenso müde wurde wie sie selbst – was diese besten Männer auch aus voller Kehle rufen ließ: „Bitte, sagen Sie uns, wie spät es ist!“ Der Mann mit der Handbohrmaschine, der die Frühlingssamen säte; die ärmeren Leute,

Männer und Frauen mit ihren Eimern, die im kalten Herbstwetter Steine aufsammelten; die Viehtreiber, wenn sie das Vieh nach Hause trieben oder es mit einem Peitschenknall von den saftigen Feldern riefen – Frühling und Erntezeit, alle Jahreszeiten hindurch; bei Wind und Regen, bei großer Hitze, bei Schnee und Blizzard, es war immer dasselbe . Und so sahen die Männer dieses Landes in diesem nicht eingezäunten Landstrich, in dem es zwar große Wälder, aber fast keine Hecken gab, auf und gaben mit einer Kopfbewegung die Bemerkung an ihre Kameraden weiter: „Da ist 'm an' 's Hund, seht ihr?"

Außerhalb des häuslichen Kreises – obwohl ein Hund natürlich immer ein Teil der Familie ist oder als solcher betrachtet werden sollte – galt Murphys Leidenschaft Dan. Er stand immer auf, wenn Dan das Zimmer betrat, und leckte ihm oft und oft die Lippen: Er schenkte ihm jede erdenkliche Aufmerksamkeit; er trieb ihn dazu, draußen zu spielen; er weckte ihn, wenn er es für unpassend hielt, dass er schlief; und er machte sogar eine Zeit lang wieder einen jungen Hund aus ihm, obwohl Dan schon wirklich alt war. Er schuldete Dan schon eine Menge, denn Dan hatte ihn in viele Dinge über Kaninchen, Ratten und den Rest eingeweiht, die alle anständigen Hunde wissen sollten. Da der alte Hund ein eingefleischter Jäger war, folgte Murphy seinem Beispiel – und beide wurden, auf jeden Fall, dazu ermutigt.

Als Murphy wuchs und stärker wurde, wurde er natürlich immer schöner, bis sich Passanten umdrehten und das Paar bemerkten – der alte Hund und der junge, die geduldig am Flussufer lagen, während jemand mysteriöse Dinge mit Farben tat; oder man sah sie abends zusammen zurückkommen, Seite an Seite im Heck eines Bootes sitzend. Sie waren sicherlich ein sehr ungewöhnliches Paar.

Dans Charakter war natürlich schon vor langer Zeit vollständig geformt worden, und es war ein wirklich wunderbarer Charakter, wie bereits erwähnt. Murphys war noch in der Entwicklung. Wenn das ganze erste Jahr eine schwierige Zeit war, hätten die ersten vier Monate jeden, der sich eine selbst auferlegte Aufgabe dieser Art vorgenommen hatte, ins Wanken bringen können. Das angestrebte Ideal wurde nie aus den Augen gelassen, aber wie die meisten Ideale hatte es manchmal die Angewohnheit, fast außer Reichweite der Hoffnung zu geraten. Es war nicht so, dass der Hund ständig etwas Falsches tat. Vielleicht wäre es besser gewesen, wenn er es getan hätte, denn dann hätte es etwas Greifbares gegeben. Die Schwierigkeit bestand darin, dem Hund beizubringen, was er nicht tun sollte, ohne ihn zu erschrecken und ohne wütend zu werden und die Fassung zu verlieren. Einen Hund zu trainieren, der seine Tracht Prügel einsteckt, sich schüttelt, die Ohren anlegt und sich auf die nächste Tracht vorbereitet, ohne sich der Folgen bewusst zu sein, ist nicht jenseits der menschlichen Vorstellungskraft, aber möglicherweise eine Gabe. Aber was ist mit einem Hund zu tun, der Angst hat, selbst wenn er seine Stimme erhebt? Diese Situation ist in gewisser

Weise eine so schöne Probezeit, wie sich ein eigensinniger Mensch nur wünschen kann; und dann kann die Sache auf sich beruhen.

Der Philosoph sagt uns, dass wir sicherer vorankommen, wenn wir Fehler machen, als wenn wir uns an Regeln halten, die normalerweise für richtig gehalten werden. Murphy ging, wie andere vor ihm, den ersteren und scheinbar richtigen Weg. Der erste wirkliche Schritt, den er machte, geschah also im Zusammenhang mit einem Fehler, und es tat ihm sehr gut. Es kam so zustande.

Vorweg: Was könnte für einen Hund lästiger sein als ein Schaf? Herrchen und Hund kamen gemeinsam nach Hause und wurden von einer Dutzendköpfigen Gruppe beharrlich bedrängt. Beide waren sich einig, dass die Sicht auf das Verfahren etwas geändert werden könnte, wenn hinter den so großzügig gewährten Aufmerksamkeiten wirklicher Mut steckte. Aber beide waren sich wohl bewusst, dass es nichts dergleichen gab; dass die kühne Front eine Täuschung war, dass Neugier der Ursprung von allem war und dass in Wirklichkeit jedes einzelne dieser Dutzend Herzen von Funken erfüllt war, ganz gleich, wie sehr ihre Besitzer nach vorne drängten oder den Kopf hoben und stampften.

Wie lange würde Murphy solch eine grobe Unverschämtheit ertragen? Das war die Frage des Augenblicks. Bislang war er dicht an der Ferse gefolgt, mit gesenktem Schwanz – obwohl man mit Fug und Recht sagen kann, dass er in letzter Zeit gekommen war, um den Schwanz aufrecht zu tragen. Möglicherweise kamen die Schafe näher heran, als es ein geistiger Hund ertragen konnte, oder eines erschreckte die anderen und sie fingen an zu fliehen. In einem Moment war alles vorbei; Die Schafe hatten den Schwanz abgewendet, und Murphy war hinter ihnen her und hatte sogar seine Stimme gefunden.

Das Feld war fünfunddreißig Morgen groß, also hatte er genug Platz, um die Schafe hierhin und dorthin zu lenken. Weiter zu rufen war natürlich sinnlos. Die Zeit ließ sich besser nutzen, um seine Gefühle in den Griff zu bekommen und zu entscheiden, was zu tun sei. Um die Sache noch schlimmer zu machen, sah man den Bauern selbst, wie er das Geschehen von einem entfernten Tor aus beobachtete. Er würde zweifellos erwarten, dass das Gesetz vollstreckt würde und dass die Hunde, die Schafe trieben, entweder zu besseren Manieren erzogen oder erschossen würden. Es machte keinen Unterschied, dass die Schafe nicht seine waren, sondern „auf dem Sattel" auf seinen Feldern trieben. Was ihnen zuteil wurde, konnte ihm an einem anderen Tag zuteil werden. Eine Tracht Prügel war daher jetzt unabdingbar. Aber wie sollte dies durchgeführt werden, wenn die einzige Waffe ein Schießstock war und der Ort mitten auf einem großen Grasfeld lag? Das Beste war, sich hinzusetzen und geduldig zu sein.

Ein Teil der Erziehung des Hundes bestand bereits darin, dass er anhalten sollte, wenn sein Herrchen aufhörte, und wenn dieser sich hinsetzte oder hinlegte, sollte er hereinkommen. Er hatte bereits ein wenig auf diese Erziehung reagiert, und jetzt ließ er seine Erziehung fallen Spiele mit den Schafen, verließ sie und kam langsam zurück. Durch das feierliche Schweigen seines Herrn ahnte er, dass etwas passieren würde, und näherte sich daher vorsichtig. Bei gewöhnlichen Verstößen und bei gewöhnlichen Hunden ist es nie notwendig, übermäßig streng mit dem Stock umzugehen – wenn ein geeigneter Stock zur Hand ist, was im Allgemeinen nicht der Fall ist. Ein Vortrag und ein Schütteln tun es auch, mit ein oder zwei Schlägen mit einem Stock, um zu zeigen, dass es da ist. So provozierend der Vorfall auch gewesen war, letzteres wurde Murphy gebührend zuteil. Der Schießstock wurde heftig in der Luft geschwungen, und der Hund rief lange und laut „Mord". Der Täter habe es offenbar erwischt, urteilte der Bauer; und er winkte mit dem Arm und verschwand.

Das war jedenfalls gewonnen: Was ist mit dem Hund? Er hatte gelernt, was das Rasseln des Schießstocks bedeutete. Er hatte auch gelernt, dass Schafe auf ihre dumme, irritierende Art geduldet und nicht gejagt werden sollten. Für eine kurze Zeit nahm er sich die Sache zu Herzen und war immer dann deprimiert, wenn er auch nur glaubte, etwas falsch gemacht zu haben. Aber er erholte sich bald und zeigte seine Reue auf die gewinnende Art, die er jetzt zu entwickeln begann – indem er schüchtern von hinten auftauchte und versuchte, die Finger der Hand seines Herrn zu erreichen.

Die ganze Episode erwies sich als Erfolg – zumindest aus der Sicht des Mannes; im Fall des Hundes und des Schafes war es zweifellos gefärbt. Murphy hatte durch das, was passiert war, sicherlich Selbstvertrauen gewonnen, so wie es bei einem Jungen der Fall sein kann, wenn er zum ersten Mal auf der Jagd stürzt, und sich bei einem Salto weniger verletzt fühlt, als er es sich vorgestellt hatte. Darüber hinaus war es von Vorteil, dass er von diesem Tag an makellos mit Schafen war, wie wir sehen werden.

Obwohl Murphy schnell als jemand beurteilt wurde, der „von Geburt an gut" war und dies sein ganzes Leben lang blieb, kann man nicht davon ausgehen, dass er nie über die Stränge geschlagen und sich deshalb nie die Strafe des Schüttelns zugezogen hat. Er war ein Hund, so wie der Mensch ein Mensch ist; die beiden Begriffe sind gleichermaßen synonym mit Irrtum, und Fehler müssen so oder so korrigiert werden. Aber in seinem Fall beschränkten sich die Fehler, die er beging, fast ausnahmslos auf geringfügige und ärgerliche Arten - unnötige Nervosität, das Unvermögen, seinen Namen zu erkennen, sein Leben lang dem Verkehr auf der Straße auszuweichen, wodurch Spaziergänge entlang der Straße nur noch sehr selten stattfanden, und viele andere Fehler ähnlicher Art. Wäre es anders gewesen, wo wäre die Ausbildung für beides geblieben? Einerseits gab es immer das Ideal, diesem

Hund zu ermöglichen, das Vertrauen zum Menschen wiederzugewinnen und ihn wieder zu dem fröhlichen, glücklichen Kerl zu machen, der er einmal gewesen war; Zum anderen bestand die Aufgabe darin, zu prüfen, ob dies möglich war, ohne angesichts wiederholter und fast ununterbrochener Misserfolge die Hoffnung zu verlieren und ohne Gereiztheit oder Wutausbrüche zu zeigen, wenn es anfangs täglich zwanzig Mal zu Provokationen kam.

An seinem Mut gab es nie den geringsten Zweifel. Immer wieder stürmte er zum Beispiel in eine schnell wachsende Hecke, wenn seine Nase ihm verriet, dass dort eine Ratte war, und kam mit einem Haufen Dornen hervor, und die Ratte war an seiner Lippe oder Wange befestigt. Dann schlug er die Ratte einfach mit der Vorderpfote nieder, ohne zu wimmern, und hielt sie fest, damit jemand anderes kommen und sie töten könnte, denn er schien nicht in der Lage oder nicht willens zu sein, selbst etwas zu töten. Andererseits ging er gewöhnlich direkt auf die wildesten Hunde los – mehrmals unter Einsatz seines Lebens, bei bekannten Kämpfern, die doppelt so groß waren wie er selbst – und blieb aufgrund seines Verhaltens oder seines Charmes ausnahmslos harmlos .

Man konnte ihm nie verständlich machen – und es ist beschämend, zu sehen, wie ärgerlich dies bei vielen Gelegenheiten war –, dass nicht alle Hunde dieser Welt, ebenso wenig wie alle anderen Bewohner der Erde, unbedingt unsere Freunde sind oder beabsichtigen, freundlich zu sein, und dass Hunde, genau wie die Menschen um sie herum, häufig die Angewohnheit haben, sich zu streiten und zu zerfleischen, ohne Rücksicht auf ihre Gefühle und ohne viel von dem Geist des Gebens und Nehmens, den das Leben und ein gemeinsames Schicksal anderswo erfordern würden.

Solche Dinge wurden ihm oft erzählt, aber obwohl er, wie viele seiner Artgenossen, den Eindruck machte, als verstünde er alles, zweifelte er nie wirklich daran, dass andere Hunde zumindest und notwendigerweise seine Freunde waren. Er suchte ihre Gesellschaft nicht. Sie schienen ihn oft zu langweilen, und zwar umso mehr, je älter er wurde; aber er hatte eine merkwürdige Art, einige zu sich nach Hause einzuladen, und es kam nicht selten vor, dass man morgens einen fremden Hund in der Diele liegen sah, den er manchmal von weit her mitgebracht hatte.

Von seiner Gastfreundschaft hat er auf diese Weise einmal ein bemerkenswertes Beispiel gegeben. Der Hund eines Nachbarn hatte ein unsicheres Benehmen, sowohl gegenüber Hunden als auch gegenüber Menschen. Eines Abends kam er, um anzurufen. Nun stand Murphys Abendessen immer um sechs Uhr in einer Ecke des Saales und war gerade gebracht worden, als dieser Besucher erschien. Um an Gastfreundschaft nicht zu übertreffen, zeigte Murphy sofort auf die Mahlzeit, die aufgetragen worden war, und stand daneben, während der andere aß, obwohl er selbst seit dem frühen Morgen nichts mehr gegessen hatte und, wenn er es gewollt hätte, hätte anklopfen können Fremder in den sprichwörtlichen Dreispitz. Er wedelte nur mit dem Schwanz und sah zufrieden aus, während sein Abendessen langsam verschwand. Aber schließlich gehören solche Episoden zu einer späteren Zeit, als er nahezu menschlich geworden war; als er – das kann man jetzt genauso gut zugeben – die Gesellschaft eines Mannes mehr liebte als die Gesellschaft von Hunden, als das Selbstvertrauen und das Glück zurückgewonnen worden waren – das Glück, das sich mit denen, die er kannte und liebte, in einem intensiven und intensiven Leben zeigte fröhliche Lebensfreude – war endlich wiedergewonnen.

Eine weitere Besonderheit oder vielmehr eine weitere Fähigkeit, die er besaß, muss hier erwähnt werden, denn mit seiner lebenslangen Erfahrung mit Hunden kann man sich an keine Parallele erinnern oder sie anderswo finden. Zunächst einmal war er ganz sicher musikalisch, und oft stand Murphy nach einem langen Arbeitstag, wenn die Landschaft draußen winterlich, trostlos und nass war und das Klavier vor Freude über den Klang und die Erleichterung aufgerissen und geklopft wurde, von seiner Matte auf und legte sich dicht an die Füße seines Herrchens. Bei diesen Gelegenheiten sang oder heulte er nicht, so wie es bei vielen Hunden den Eindruck erweckt, Musik sei Schmerz. Im Gegenteil, er blieb ganz still und begnügte sich mit einem Seufzer und einem Lecken der Lippen, was fast den Eindruck erweckte, als hätte er, wenn er gekonnt hätte, gesagt: „Spiel das noch mal, ja?"

Dies ist jedoch nebensächlich. Worin er hervorragte, war das, was allgemein als Sprechen bezeichnet wird. Der Laut war kein Heulen oder ähnliches; er kam tief aus seiner Kehle und hatte einen tiefen Ton, dessen Betonung durch gleichzeitige Bewegungen des Kiefers erzeugt wurde. Wenn man ihm eine Frage stellte, bekam man im Allgemeinen auf diese Weise eine Antwort, allerdings selten im Freien, wo seine Aufmerksamkeit zwangsläufig abgelenkt war. Aber wenn er einmal angefangen hatte, antwortete er weiter und führte so ein ziemlich langes Gespräch. Das war sein einziger Trick, wenn man ihn überhaupt so nennen konnte, denn er hatte ihn sich ganz selbst ausgedacht. Eigentliche Tricks kannte er nicht und weigerte sich zeitlebens, welche zu lernen. Vielleicht hatte Dan, dessen Repertoire groß war, ihm gesagt, wie langweilig sie seien, und ihn ermahnt, sie nach Kräften zu vermeiden.

VIII

Etwa ein Jahr nach Murphys Ankunft wurde Dan zu seinen Vorfahren gebracht, und viele Tage lang herrschte im ganzen Haus Trauer. Zumindest für einen, wenn nicht für mehr, galt Alphonse Karrs Bemerkung – *On n'a dans la vie qu'un chien* – und Dan war dieser Hund. Er hatte ein langes Leben gehabt; er hatte alle Herzen gewonnen; er hatte viele wunderbare Dinge getan, neben seiner Pflicht als treuer Polizist des Ortes, an den er geworfen wurde, und nun war er, liebevoll und geliebt, gestorben. Das waren die Daten, aus denen sein Epitaph abgeleitet werden musste. Der Mensch könnte sich nichts Besseres wünschen. Geliebt worden zu sein – das ist, alles gesagt und getan, die größte Sache, denn es umfasst alles andere. Ein anderer französischer Schriftsteller hielt es für die höchste Lobrede, die man halten kann, und es scheint, als hätte er damit nicht ganz Unrecht, ob wir nun Hunde oder Menschen vor uns haben.

Eine von Murphys letzten Taten seines Großvaters spiegelte seinen eigenen Charakter wider, nicht weniger als die liebevollen Beziehungen zwischen ihm und Dan. Es war Brauch, den Hunden nach dem Abendessen bestimmte Kekse zu geben, die sie besonders gern mochten, und sie saßen nebeneinander, um sie zu empfangen. Als eines Abends wie üblich die Keksdose herausgeholt wurde, war Dan nicht da. Er war alt; Wahrscheinlich schläft er: Überlassen Sie lieber Murphy seins und machen Sie Schluss damit. Der junge Hund weigerte sich, zu solchen Vorschlägen etwas zu sagen; und im Moment wurde seine Haltung auf einen Anflug von Schüchternheit zurückgeführt, denn diese besonderen Kekse waren unwiderstehlich. Plötzlich begann er zu bellen und hin und her zur Tür zu rennen. Als er durchgelassen wurde, rannte er zu einem anderen, fand einen dritten offen und kehrte bald in vollkommener Ekstase der Freude zurück, mit dem alten Hund an seiner Seite. Anschließend verwies er auf die außergewöhnliche Dummheit, die in einer langen und ausführlichen Rede an den Tag gelegt worden sei. Den Alten den Vortritt zu lassen oder sie nicht immer mit Respekt zu behandeln, war seiner Meinung nach offensichtlich böse. Zumindest war das sein Text.

Dans letzte Ruhestätte war natürlich der Hundefriedhof im Haus der Familie. Dort zu liegen war die höchste Ehre, die man erweisen konnte, und Dan hatte sie sich redlich verdient. Viele Generationen von Hunden lagen in und um diese Ecke, und die Stelle wurde, wenn auch nicht geweiht, von den meisten zumindest als sehr heilig angesehen.

Das war's. Ein Winkel einer alten, zerstörten Ziegelmauer, nach Westen ausgerichtet – Teil eines alten Gartens – wunderschön in der Farbe und mit Efeu bewachsen. Überall tolle Bäume; und die weiten Bereiche eines Parks, in dem an langen Abenden Kaninchen spielten, erstreckten sich von allen Seiten. Eine Stechpalmenhecke und ha-ha verhinderten unbefugtes Betreten; Aber die dort Eingeladenen fanden in dieser ruhigen Sonnenfalle viele Grabsteine mit Namen, Daten und Grabinschriften. Ganz in der Nähe führte ein Weg, den die Familienmitglieder oft hin und her gingen, zu einer weiteren stillen Ecke, wo über den Bäumen ein bekannter Turm zu sehen war. Von letzterem ertönte in Abständen die Musik von Glocken, die läuteten oder feierlich läuteten, und unter ihrem Schatten schliefen andere Menschen, die einst mit denselben Hunden vieler Generationen um die Welt gewandert waren und sich keine besseren, wenn nicht sogar so guten Grabinschriften verdient hatten Sie. In einem der beiden zu liegen und zu sehen, was manchen widerfährt, könnte durchaus als Glücksfall für Hund oder Mensch angesehen werden.

Das war bei Hunden nicht immer so, weder hier noch anderswo, was auch immer bei Männern der Fall sein mag. In der Erinnerung an das gesamte vergangene Mittelalter wurden Hunde mit schweren Ketten an Zwingern festgebunden gehalten, selten ins Haus gelassen, zu unsicheren Zeiten gefüttert und zu noch unsichereren Zeiten herausgebracht – wenn überhaupt. Tagsüber wird man oft zurückgelassen, um die Zeit zu heulen und sich nachts in den Schlaf zu bellen. Und als alles vorüber war, da das Leben oft durch Krankheiten verkürzt worden war, kam der Mann mit dem Spaten, abkommandiert für die Aufgabe, die letzten Aufgaben zu erfüllen und dem Hund, der ausgedient hatte, einen praktischen Ruheplatz zu geben
.

Wir haben das alles jetzt hinter uns gelassen und können uns damit brüsten. Wir haben unsere Meinung über den richtigen Platz und die Umgebung unserer Hunde hier geändert; und viele von uns schämen sich nicht zuzugeben, dass wir eine feste Meinung über ihren Platz und ihre Umgebung im Jenseits haben. Wir haben auch unsere Hundeärzte, unsere Hundekrankenstationen, unsere Heime und Wohltätigkeitsorganisationen und schließlich die abgeschiedenen Friedhöfe unserer Hunde. Solche Dinge deuten bei stummen Tieren unserer Meinung nach auf eine höhere Stufe der Zivilisation und auf viele andere Dinge hin.

Doch vergessen wir nicht, dass andere in der Vergangenheit vor uns und weit vor uns auf demselben Weg gegangen sind, von dem wir oft mit so viel Salbung sprechen. Im alten Ägypten hatten Hunde Namen, und diese findet man an vielen Stellen eingraviert. Sie waren die Lieblinge des Hauses und wurden ständig großgeschrieben. Sie trugen auch Halsbänder, und oft keine billigen; und so wie sie überall ins Haus durften, so sprach man vor all diesen Jahrhunderten mit ihnen und brachte sie auch zum Reden. Es wurden Legenden über ihre Taten und ihr Verhalten gesponnen. Und obwohl sie in vielen Fällen klein und unbedeutend waren und kurze Beine hatten wie der

Dackel oder vielleicht der Aberdeen, vertraute man blind auf ihre Treue als Wächter des Hauses und der Familie. Natürlich gab es größere Kerle, die die schwereren Aufgaben erfüllten, wie den riesigen Kitmer, den Hund der Siebenschläfer, den Gott einst sprechen ließ und der für alle Zeiten für sich und andere einstehen musste. „Ich liebe jene", sagte er, „ich liebe jene, die Gott lieb sind: Geh also schlafen, und ich werde über dich wachen."

Das genügte doch. Und dann war da noch Anubis, der einen Hundekopf und einen Menschenkörper bekam: Er wurde als Gott und als Genius des Nils verehrt, der seit Anbeginn der Welt den Ansturm des großen Flusses zur rechten Zeit angeordnet hatte und dessen Wirken in dieser Hinsicht durch das Erscheinen des Hundssterns gekennzeichnet war, der siebzigmal stärker war als die Sonne – der hellste von allen in der purpurnen Kuppel der Nacht.

Ein Tier wie der Hund, selbst wenn er stumm war, was man ihm gerechterweise kaum zugestehen konnte, hatte Anspruch auf eine Rücksicht, die anderen niemals zuteil wurde, und er erhielt sie daher zu allen Zeiten in diesem aufgeklärten Land. Und das nicht nur in den flüchtigen Jahren seines Daseins, sondern auch, als er unter der gewöhnlichen Hand des Todes dahinsiechte. Der Hund wurde in jenen vergessenen Tagen einbalsamiert, genau wie sein Herrchen und seine Frau, und dann mit einiger Feierlichkeit zu der Begräbnisstätte getragen, die in jeder Stadt für Hunde reserviert war. Und als das letzte Lebewohl gesagt war, kehrte die Familie, zu der er gehört hatte, wieder in ihr Haus zurück und legte Trauer um ihren Freund und treuen Beschützer an, rasierte sich die Köpfe und verzichtete eine Zeit lang auf Nahrung. So war es mit Hunden vor all diesen Tausenden von Jahren. Seitdem sind wir nicht sehr weit gekommen.

Viele der letztgenannten Dinge wurden Murphy nicht gesagt, obwohl Obskurantismus immer aufs Schärfste zu verurteilen ist. Es wurde für besser gehalten, dass er sie oder andere dunklere Tatsachen im Zusammenhang mit der modernen wissenschaftlichen Zeit nicht kennen sollte, damit sie nicht zufällig seltsame und unorthodoxe Überlegungen in einem so aktiven Gehirn wie seinem hervorrufen.

Als für Dans besten Freund – sie nannte ihn den „Besten von allen" – der Tag kam, an dem er sich auf eine Reise begab, um den letzten Teil von ihm zu sehen, wandten sich Murphy und sein Meister, die allein gelassen wurden, in ihrem Gespräch ganz natürlich dem Ort zu, an dem sie lebten Dan sollte gelegt werden, ebenso wie die Taten vieler anderer Hunde, die ihr ganzes Leben lang dort gelebt und geliebt hatten und das größte Glück gehabt hatten, dort zu jagen. Einige waren gut, andere, nun ja, nicht so gut. Bei anderen hielt man es nicht für besonders interessant, obwohl dies im Allgemeinen eine Frage der Meinung war. Im Vergleich zu letzteren waren einige die Allerbesten ihrer Art, wie zum Beispiel Ben, der große

Neufundländer, der vor sechzig oder siebzig Jahren den Ruhm hatte, in Begleitung zweier kleiner Familienmitglieder gemalt zu werden.

Jeder hatte natürlich seine Eigenheiten und tat seine lustigen oder bösen Sachen. Angesichts eines kürzlichen Ereignisses wäre es ein Fehler gewesen, eine Moral zu ziehen, oder man hätte auf Bruce, den Jagdhund, verweisen können, der bei der nächtlichen Schafjagd versehentlich erschossen wurde. Das würde für einen anderen Tag reichen, falls sich Umstände ergeben, die der Geschichte Gewicht verleihen. Darüber hinaus gab es noch viele andere Anekdoten, und hier sind ein oder zwei, die Murphy gehört hat.

Vielleicht hat Fritz, der Spitz, das Bemerkenswerteste von allen getan. Sein Lehrer war zu dieser Zeit Student an der Christ Church und hatte die Angewohnheit, ihn bei seiner Rückkehr nach Oxford stets mitzunehmen. Bei einer bestimmten Gelegenheit beschloss er, dass Fritz ausnahmsweise zu Hause bleiben sollte. Am nächsten Tag wurde der Hund vermisst. Dann kam ein Brief, und das hatte Fritz getan. Er hatte den Weg in die drei Meilen entfernte Nachbarstadt gefunden und war, wie ordnungsgemäß bewiesen wurde, mit dem Zug nach Swindon gefahren. Wahrscheinlich hat er sich dort verändert, was jedoch nicht überliefert ist. Aber er fuhr weiter nach Didcot, wo er tatsächlich ausstieg, den Oxford-Zug fand und noch am selben Nachmittag die Räume seines Herrn in der Christ Church betrat.

Eine weitere seiner Handlungen verdient es, erwähnt zu werden, denn sie ist ein Beispiel dafür, wie nahe Hunde manchmal an Menschen herankommen. Kein Mensch ist so abgehärtet, dass er unbeliebt sterben möchte, während viele den Wunsch hegen, vor dem Ende um Vergebung zu bitten, damit ihnen selbst vergeben werden kann. So war es auch bei Fritz. Wie bei vielen genialen Männern war sein Temperament wechselhaft, und mehr als einmal war bekannt, dass er biss. Am Tag vor seinem Tod machte er, obwohl alt und gebrechlich, auf eigene Faust einen Rundgang und besuchte ein oder zwei, denen gegenüber er sich sicherlich schlecht verhalten hatte. Seine Tat wurde in Erinnerung gerufen, als er wieder einmal verschwand. Aber es wurde noch weiter darauf hingewiesen – einige fügten hinzu, dass sie glaubten, es zu verstehen –, als Fritz zusammengerollt in einem Loch unter einem Busch gefunden wurde – und tot.

Graf, ein anderer Hund derselben Rasse, der jedoch zwanzig Jahre später als Fritz geboren wurde, hatte ebenfalls seine eigenen merkwürdigen Eigenheiten. Er konnte ein Kaninchen im Freien einholen und tat dies bei vielen Gelegenheiten; aber wenn dies bemerkenswert war – ein Kaninchen galt auf hundert Meter als eines der schnellsten Tiere überhaupt –, so zeigte sich sein merkwürdiges Verhalten auch auf ganz andere Weise. Er war ein Hund mit großem Charakter und Klugheit sowie tadellosen Manieren. Es war damals in der Familie Brauch, sonntags abends zu beten. Dieser Graf ärgerte sich nie darüber. Tagsüber hatte in der Kirche Gottesdienst stattgefunden, und Sonntage waren langweilige Tage für Hunde: Warum sollten sie abends beten, um die Dinge noch schlimmer zu machen? Um zu zeigen, was er von der Sache hielt, sammelte er, kaum dass die Familie das Zimmer zum Beten verlassen hatte, die Zeitungen ein und riss sie absichtlich in Stücke. Er tat dies nicht nur ein- oder zweimal oder sogar sechsmal. Er tat es wiederholt; und als die Familie zurückkam, fand man insbesondere *den Guardian in Fetzen auf dem Boden.*

Aber sonst war er ein guter Hund, und so zeigte er, der Woche für Woche sonntagabends *den Guardian las* , dass er Graf keinen Groll hegte, denn als der Hund starb, schrieb er ein Gedicht, das so lautete, die letzten anderthalb Zeilen davon sind auf Grafs Stein eingraviert:

„Kann eine solche Treue umsonst sein?

Ist die Tugend weniger die wahre Tugend, die sie übertrifft?

In der treuen Brust eines Hundes? Nein, Graf, der Gedanke

Von deinen reinen, wahren und tadellosen Lebensniederlagen

Alles Zweifel. NEIN! Die Tugend lebt für immer, und das Gleiche,

Ob beim Menschen oder bei seinem treuen Freund

Der hinsah, aber seine Liebe nicht aussprechen konnte. Die Flamme

Das, was dein treues Herz erwärmt, kann niemals enden

In dunkler Vergessenheit. Wenn nicht eine Seele

Ist dein, zumindest ist das Leben. Die gleiche große Hand

Erschuf dich und uns; doch wo auf der Schriftrolle,

Am Tag des Gerichts wird man finden,

Eine Menschenseele, die bis zum Ende so treu ist,

So treu wie du warst? Gottes großer Plan

Erwartet dich und uns. Leb wohl, lieber Freund,

Und möge unser Leben genauso wahrhaftig sein wie Deines.“

Um dies zu parodieren, schlug ein leichtfertiger Mensch im Fall eines anderen Hundes vor, seine Grabinschrift könnte lauten: „Und möge unser Leben weniger Fehler haben als deines." Aber obwohl es stimmt, dass dieser Hund eine ziemlich hohe Rechnung mit Katzen angehäuft und viele andere Ungeheuerlichkeiten begangen hatte, wurde die Zeile *De mortuis nil nisi bonum* im Auge behalten, und wenn nichts gesagt werden konnte, hielt man es für besser, nichts zu sagen. Außerdem bemerkte Murphy gebührend, während wir über die wunderbaren Taten vieler, vieler Hunde sprachen, die jetzt in dieser heiligen Ecke lagen: „Was hättest du in einem solchen Fall und von einem von uns, den du vorsätzlich Scamp genannt hast, erwarten können?"

Da war natürlich etwas dran, und viele von Scamps Auftritten hätten es verdient, aufgenommen zu werden, auch wenn dies hier nicht der richtige Ort ist. Einmal war er in London. Der Aufenthalt dort schränkte natürlich die Ausübung seiner sportlichen Instinkte ein, aber er entwickelte andere, um diese zu ersetzen. Manchmal war er den ganzen Tag abwesend und nachts vor der Tür zu finden; und einmal traf er seinen Herrn an einem Bahnhof der Stadt, von dem man glaubte, er sei für immer verloren, und sein Herr sah ihn tatsächlich auf dem Weg dorthin, als er in den fraglichen Bahnhofshof fuhr.

Etwas so Kluges getan zu haben, hätte man annehmen können, dass man ihm das Recht auf den Grabstein und das Epitaph in vollem Umfang eingebracht hätte. Dennoch bleibt seine Ruhestätte unbekannt, und sein Name verfolgte ihn offenbar bis zum Ende und darüber hinaus.

„Was war das mit *De mortuis* ?" kam die Frage von Murphy.

„ *Nil nisi bonum.* "

„Das hätte in seinem Fall nie zur Sprache kommen dürfen. Was ist mit *De vivis* ?" Im Ton lag Empörung; vielleicht zu Recht.

<hr>

IX

„Was ich mache, ist Folgendes: Ich bringe sie ganz nah an mich heran und rede dann mit ihnen."

Das ist es, was Mrs. Pinnix immer antwortete, wenn man sie fragte, wie es käme, dass ihre Kinder sich so gut benehmen und so wenig Ärger machen. Und Mrs. Pinnix wusste es, denn sie war die fürsorgliche Mutter von dreizehn Kindern gewesen und hatte diese fröhliche, gutmütige Art entwickelt, mit jedem von ihnen umzugehen, Jungen wie Mädchen gleichermaßen. Zweifellos war sie in vielerlei Hinsicht eine bemerkenswerte Frau, denn sie gewann die letzte Disziplin auf der Karte zur Zeit der Jubilee-Sportarten, als sie damals Mutter von zehn Kindern war – „Seilspringen: nur für Mütter". Aber der Punkt bei dieser Bemerkung von ihr ist, dass eine lange Erfahrung mit Hunden zeigt, dass die Gesprächstherapie bei ihnen genauso anwendbar ist wie bei Mrs. Pinnix' Kindern.

Auch wird sich bei näherer Untersuchung nicht herausstellen, dass dies die phantasievolle Vorstellung einiger weniger ist. Wenn man beispielsweise in großen Gruppen unter Menschen lebt, deren Arbeit weit von den Städten entfernt liegt und die durch lange Gewohnheit viele Dinge bemerkt haben, von denen der weniger glückliche Stadtbewohner nichts weiß, lernt man selbst viele Dinge. Wenn man in solchen Kreisen die Bemerkung wagt, dass viele Leute nicht an die Theorie glauben, dass es ihnen gut tut, mit einem Hund zu sprechen, erhält man als Antwort: „Ah, aber ich weiß, dass es gut ist." Andere gehen noch weiter und versäumen es auf die Frage, ob sie glauben, dass Hunde – das heißt, die besten Hunde – wirklich verstehen, was man ihnen sagt, nie, mit Nachdruck zu behaupten: „Nun, das tun sie; ich bin sicher, dass sie es tun: es ist nicht üblich, Leuten wie uns zu sagen, dass sie anders sind." Hirten, Viehzüchter, Landarbeiter, alte Dorfbewohner, die viele Erfahrungen gemacht haben, obwohl sie in einem engen Kreis lebten, und die auf ein langes Leben zurückblicken, machen ständig solche Bemerkungen. Und wahrscheinlich werden Hundeliebhaber aller Klassen dem gleichen zustimmen.

Dies war sicherlich die Methode, die bei Murphys weiterer Ausbildung und Erziehung angewandt wurde. Wie bereits erwähnt, hatte man ihm beigebracht, stehen zu bleiben, wenn sein Herrchen stehen blieb, und wieder zu kommen, wenn er sich hinsetzte oder hinlegte. Obwohl man ihm im Allgemeinen erlaubte, nach Belieben über das offene Land zu streifen und sich manchmal weit weg aufzuhalten, vergingen nur wenige Minuten, bis man den Hund, mit dem er sein Leben verbracht hatte, dabei erwischte, wie er Schulter, Rücken oder Arm als bequeme Unterlage zum Anlehnen benutzte, wenn er sich hinlegte, um sich auszuruhen. Auf diese Weise eng aneinander gekuschelt, war sein Gesicht auf gleicher Höhe mit dem des anderen, während er mit gespitzten Ohren und seinen menschlichen Augen alles in Augenschein nahm, was im Tal vorüberging oder sich an den Rändern der großen Wälder bewegte, die die Berggipfel bedeckten.

Das war die Zeit, ihn zu erreichen; Ihm beizubringen, einen Hasen nicht zu jagen, der dummerweise mit dem Wind in den Rachen der Gefahr stolpern könnte; sich nicht um ein Kaninchen zu kümmern, das nur ein paar Meter entfernt mit den Hinterbeinen auf den Boden trommelte; um ihm seltsame Geschichten darüber zu erzählen, was ihn in den kommenden Jahren erwarten würde, wenn er so alt wäre wie sein Herr und gelernt hatte, zu versuchen, viele Schläge zu ertragen, sich vielen Problemen zu stellen und viel zu ertragen und zu ertragen, was aus fremden Gegenden kommen könnte – hatte auch gelernt, zu leben und seinen Anteil an dem Glück zu ernten, das die bloße Tatsache des Lebens selten allen verschafft, die nicht schwache Knie oder ein Hühnerherz haben.

Natürlich neigte Erfahrung in gewisser Weise dazu, das Vertrauen zu untergraben. Wusste er nicht selbst alles darüber? Hatte er nicht einmal angefangen, an allen menschlichen Dingen zu zweifeln? Waren nicht Glück, Vertrauen und Glaube wegen der Härte und Ungerechtigkeit, die ihm angetan wurde, verloren gegangen? Aber was nun? Durch einen wundersamen Vorgang kam es zu einer Veränderung. Der Zweifel war nicht ganz verschwunden; das Vertrauen war nicht ganz zurückgekehrt; Der Glaube und das Vertrauen in die Riesen, die über die Welt schlichen und sie zu regieren schienen, waren noch nicht ganz wiederhergestellt: Vielleicht konnten oder würden sie es nie schaffen. Für manche Naturen ist eine Erholung in solche Richtungen unmöglich. Das Feuer ist versengt, die Narbe bleibt – allerdings natürlich zum Verstecken. Gefühle zu zeigen – vor allem zu zeigen, dass man verletzt ist –, ja sogar zu betonen – bedeutet, einen schlechten Geist zu zeigen, die nötige Hartnäckigkeit nicht aufzubringen. Leiden Sie im Stillen, wenn Sie können – das muss die Regel sein; So wie dieser Hund mit seinem scharfen, eifrigen Gesicht in der Stille liebt – vielleicht umso mehr liebt, weil er in der Stille liebt und weil diese Stille so viel beredter ist als Worte.

Hat Murphy verstanden? Laut Job Nutt, dem Hirten, der auf seine Art ein Philosoph war, „hat er es natürlich getan – er wusste, dass er es getan hat: Er hat es nicht getan; denn warum nicht deins?" Angesichts dieser eindeutigen Behauptung gab es keinen Raum für Zweifel.

Nutt hatte in diesem Jahr seine Lämmerställe unten in der Mulde gehabt, wo es „Burra" vom Wind gab. Es schneite, als die Hürden und das Stroh herausgekarrt wurden, und alle Hände hatten sich an die Arbeit gemacht, um die Seiten des großen Platzes mit ihren dicken Strohwänden, ihren

Strohdächern und den gemütlichen Abteilungen, in die die Seiten unterteilt waren, zu bauen Das Ganze neigt sich nach Süden, um etwas von der blassen, winterlichen Sonne einzufangen. Jeder wusste, dass Schafe schneller und früher lammten, wenn der Schnee fiel. Es hatte also keine Zeit zu verlieren gegeben. Die ersten Lämmer würden zwei Wochen vor Weihnachten gehört werden. Und tatsächlich zählte Job Nutts Familie Mitte Januar bereits 63 Personen. Das war natürlich nichts. An einem Januar hatte sein Vater zwischen einem Samstagmorgen bei Tageslicht und Montag einhunderteinundfünfzig Lämmer zur Welt gebracht, davon nicht weniger als zweiundvierzig Doppelgänger – und es schneite ständig. Ja, und als er seine Hürden – das heißt die mit Stroh geflochtenen – bewegte, waren sie so stark mit Schnee bedeckt, dass sie aufrecht standen. Sein Vater „musste an diesem Tag *etwas arbeiten* und sie zwei Nächte lang." Und Hiob grinste immer fröhlich, wenn er die Geschichte erzählte.

Aber heute, als die beiden, die immer zusammen waren, vom Hügel herabstiegen, um diesem Hirten einen Besuch abzustatten, war es die letzte Februarwoche, in der die Morgen so strahlend und voller Hoffnung sind wie alle anderen im Jahr . Die Krähen waren damit beschäftigt, in den großen Ulmen am Fluss zu bauen; die Kehllappen direkt unter den Ablammställen färbten sich bereits rot. Der Frühling nahte: Die Farbe des Himmels, die Stimmen der Lerchen, das Blöken der Lämmer erzählten alle die gleiche Geschichte. Natürlich würde der Winter zurückkehren: Das war immer der Fall. Aber für den Moment gab es eine vorübergehende Ausstellung von Schönheiten, eine Widerspiegelung der Dinge, die sein sollten. Am Nachmittag würden die grauen Jalousien wieder heruntergelassen werden. Aber das spielte überhaupt keine Rolle: Dieser Blick war erlaubt, und im strahlenden Sonnenlicht und in der Stille war das Glück völliger Zuversicht aufgequollen und schien die ganze Welt zu erfüllen.

Murphy schien es auf jeden Fall zu spüren. Als er und sein Herr den Hügel versenkten, streckte er sich im Laufen aus; er sprang vor Freude in die Luft. Seine Taten spiegelten auf mysteriöse Weise häufig die Farbe des Tages wider; und seine Geister unterschieden sich von denen seines Herrn. Die Sympathie der Hunde ist keine moderne Entdeckung, sondern so alt wie ihre Kameradschaft mit dem Menschen; und so variierte dieser seine Verhaltensweisen, je nachdem, wie die Zeiten gut oder schlecht waren oder ob die Prüfungen, geistiger oder körperlicher Art, zufällig dieselben waren. An diesem strahlenden Morgen hatten Mann und Hund das Licht der Sonne und ihre Freude eingefangen, und der junge Hund spielte mit der Hand seines Herrn, während er sich hin und her bewegte, bellte und hüpfte aus purer Lebenslust.

So war er jetzt oft, wenn sie allein waren, doch in Gegenwart anderer verfiel er manchmal wieder in Unsicherheit und Zögern. Dennoch gab es keinen

Zweifel mehr, dass er auf dem richtigen Weg war: Das Glück war weitgehend zurückgekehrt, das Vertrauen stellte sich ein. Der Mann und der Hund kamen sich sehr nahe, und zwar in mehr als einer Hinsicht.

Die Pferche wurden jetzt nur noch von etwa dreißig Schafen bewohnt, die noch lammen mussten, und von denen, die „im Krankenhaus" waren, wie Job sie nannte. Vierhundert Schafe, Schafe und Lämmer waren in einer Pferche auf dem Hügel, auf einem Kleestoppelfeld oder was davon übrig war, und bekamen zerkleinerte Kohlrüben und andere Dinge, denn so früh im Jahr war Nahrung knapp. Der Hirtenjunge und sein Hund waren dort oben bei ihnen: nur Job und Scot waren in den Pferchen. Murphy wusste das Letztere, obwohl er ein Wilder war; und hatte ihm bei vielen früheren Gelegenheiten ordnungsgemäß seine seltsame Botschaft überbracht, die den Wildesten zwang, ihn passieren zu lassen.

"Oh! „Er kann kommen: Dein Hund gefällt mir", rief Job und befahl Scot, sich an seinen Platz unter der gebleichten und verwitterten Hütte auf Rädern zu setzen, in der alle anderen Gegenstände eines Hirtenhandwerks gelagert waren. „Ich werde gleich finden, dass die Mutter dort ein neues Kind hat", fügte er mit seinem üblichen Grinsen hinzu. Er war damit beschäftigt, die Haut eines toten Lammes auf den Rücken eines anderen zu binden – ihm sogar einen anderen Anzug anzuziehen, so wie Rebecca es einst mit Jakob tat.

„Wenn ein Junge sein Lamm verliert, achten wir darauf, das tote Lamm bei seiner Mutter zu lassen, denn sie haben das gleiche Herz wie wir. Wenn wir das Lamm holen wollten, würden sie schmachten. Das ist doch ganz natürlich, oder? Nun, sehen Sie, es ist so. Nach einer Weile nehmen wir einem Jungen, der ein Doppelgänger hat, ein Lamm, wie dieses hier; wir häuten das tote Lamm und binden die Haut um den Hals des anderen, genau wie dieses – sehen Sie? Dann lässt sie dieses saugen; aber vorher konnte sie das nicht – keine Angst! Sie kennen ihre eigenen Kinder, genau wie wir; genauso wie sie sie kennen, wenn sie sich um sie kümmern. Nach und nach werde ich diese Haut Stück für Stück abschneiden, wenn ich zu dem Schluss komme, dass dieses Lamm genauso riechen muss wie ihr eigenes Kind: dann wird alles gut. Ah! So ist es mit Schafen – jedes Mal, wenn eines ihnen nahe kommt, kann man etwas über sie lernen."

So lehnten sich die beiden Männer an den Hürden in der Sonne aus, und Murphy saß ernst zwischen ihnen: Er war sehr eigen in seinem Benehmen, wenn er mit Schafen zusammen war. Das verkleidete Lamm säugte bereits das Mutterschaf; und Job zündete seine kurze Tonpfeife an und lächelte: Er war die ganze Nacht wach gewesen.

„Wenn es nach mir ginge, würde ich nie ein Lamm töten lassen; nein, ich würde es nicht tun. Erinnerst du dich an letzte Saison, als du und dein Hund da waren? Ich ging über den Dene mit einer Flasche warmer Milch, in der ein Stück Schlauch steckte, wenn es dich stört. Es war warme Milch, die ich von der Kuh genommen hatte. Na ja, es war für ein Lamm, das seine Mutter verloren hatte: das Euter war falsch; ich konnte es finden, als der Herr alles hereinbrachte. Und ich bin der Meinung, dass jeder, der einem Jungen so dient, gekreuzigt werden sollte. Nun, es ist genau dieses Lamm, das jetzt das Kind säugt, das wir verkleidet haben. Sie sehen, wie die Dinge laufen, nicht wahr?"

Doch nicht immer drehte sich die Rede von Schafen, wenn die Pferche oder Gehege besucht wurden oder „Er und sein Hund" mit Nutt und anderen Schafhirten bei Wind und Wetter über die offene Landschaft spazierten.

Eines Tages war Hiob mit dem Schafewaschen beschäftigt, und wie so oft drehte sich das Gespräch um Hunde.

„Es ist wunderbar, was sie wissen. Was wissen sie nicht? Ich sage. Sehen Sie sich den Schotten an, den ich hatte – den vor dieser Einheit. Nun ja, ich war genauso am Schafwaschen wie gerade. Eines der vollmauligen Schafe, die wir damals hatten, löste sich und ging direkt über den Fluss, und es ist dort nicht sehr eng, wie Sie denken. Sie stieg am anderen Ufer auf und setzte sich fest. Und Scot schaut mich an, dann die Schafe und dann wieder mich. Ich wusste genau, was er wollte. Er wollte hingehen und das Schaf zurückholen. Aber ich konnte es für eine Weile nicht zulassen. Und er schaute und schaute weiter, so wie jeder andere auch reden würde. Also habe ich einfach meinen Kopf bewegt; Es gab keinen Aufruf, nichts mehr zu tun. Und los ging er ins Wasser, schwamm durch den Fluss, packte die Schafe an der Kehle – oh nein, er hat uns nicht wehgetan, keine Angst! –, schleppte uns ans Ufer und brachte es hinüber, richtig: Er tat es , obwohl."

„Nun, es war so", fuhr er lachend fort. „Ein Herr ruderte gerade in einem Boot vorbei. Und als er sah, was der Schotte getan hatte, kam er zu uns herüber und sagte: ‚Hirte', er sagte: ‚Ich werde Ihnen den Hund abnehmen, wenn Sie Lust dazu haben.' Und damit legte er drei goldene Sovereigns auf das Ufer zu meinen Füßen, wo wir gerade Schafe wuschen. Also sah ich auf die Sovereigns und dann auf ihn und sagte lachend zu ihm: ‚ *Nein, Sir* .' Herr, wie er mich anflehte, ihm den Hund zu überlassen!

„Dann kam es so. An diesem Abend gingen wir durch das Dorf und kamen an ‚The Crown' vorbei – das waren Scot und ich – und da stand derselbe Herr an der Tür. Er kam über die Straße, sah mich und sagte: ‚Also, Schäfer', sagte er, ‚wollen Sie sich jetzt von dem Hund trennen, denn wenn es so ist, wie Sie wollen, mache ich fünf statt drei daraus?' Und das ist wahr. Und ich sah ihm direkt in die Augen und sagte: ‚Von meinem Hund trennen, Sir?', sagte ich. ‚Aber, Sir, wenn ich mich von ihm trennen würde, würde ich Ihnen sagen, was er tun würde – er würde dahinsiechen und sterben – er würde einfach dahinsiechen und sterben.' Und damit ging ich weiter und ließ uns zurück. Hunde – nun, Schafe, wenn Sie das so verstehen wollen, sind Schafe; aber Hunde sind Hunde, und Gott der Allmächtige weiß, wie wunderbar sie sind."

„Aber nicht alle Hunde sind wie Schäferhunde, Nutt – oder könnten es zumindest sein."

Nutt schüttelte den Kopf. Die beiden Männer und ihre Hunde befanden sich am Hang, vor ihnen bewegten sich zweihundertfünfzig Tegs. Die Schafe gingen in weitem Tempo, aber im Gänsemarsch, entlang der parallelen Spuren, die diesen steilen Hang seit Jahrhunderten markiert hatten, um Fremde zu verwirren.

„Man kann doch nicht aus jedem Hund einen Schäferhund machen, oder?"

„Vielleicht nicht, in deinem Sinne. Aber ich weiß, dass ich fast jeden Hund trainieren könnte, wenn ich Lust dazu hätte."

Scot war vorne, wo er sein sollte. Murphy war dicht dran.

„Willst du damit sagen, dass du ihm beibringen könntest, Schafe zu hüten?"

Job Nutt nahm einen tiefen Zug von seiner Pfeife, drehte sich um und sah auf Murphy herab, der jetzt gerade einmal drei Jahre alt war.

„Ich mag diesen Hund; Nun ja, mir hat es auf jeden Fall gefallen. Un zu Schafen trainieren? Ich glaube, so gut ich könnte, wenn ich so gesinnt wäre: Ich glaube, so gut ich könnte."

Dann mussten sich die beiden trennen. Es war Abenddämmerung und sah nass aus; außerdem „heulten" einige Schafe in der Hürde weit unten im Tal nach Regen: Sie waren immer wahre Wetterpropheten.

Er könnte also zum Schafmachen ausgebildet werden. Job Nutts Worte wiederholten sich immer wieder im Kopf: „Ich glaube, so gut ich konnte; Ich glaube, so gut ich konnte." Was der Hirte gesagt hatte, war ein Beweis für die wunderbare Intelligenz dieses Hundes; aber dann war jeder gekommen, um das zu bezeugen und sich dazu zu äußern. Er war natürlich nervös und schüchtern und würde es zweifellos immer bleiben. Vielleicht waren es diese Eigenschaften, die ihm die außergewöhnliche Sanftheit verliehen, die alle Herzen eroberte. Viele hatten bereits lachend gesagt, dass er „gut geboren" sei; aber in letzter Zeit kamen einige hinzu und fügten hinzu, dass er nicht in der Lage sei, Schaden zuzufügen oder zu schaden.

Und doch standen trotz dieser Eigenschaften, die zu einer gewissen Sanftheit führten, sein Mut und seine Entschlossenheit nie in Frage. Und es gab auch keine Grenzen dafür. Er hatte den Mut und die Energie eines Dutzends seiner Landsleute: Was könnte man noch mehr sagen? Gleichzeitig war er sanft wie ein Kind. Er erinnerte an einen jener Charaktere, die einige von uns in seltsamen Situationen kennengelernt haben – Situationen und Stunden, in denen die Geister der Menschen brannten und die Luft erfüllt war von Geräuschen, die man nie vergisst, wenn man sie einmal gehört hat. Eine solche Figur kommt mir jetzt in Erinnerung – die Vision einer geschmeidigen und aktiven Gestalt, die die längsten Märsche hinter sich hatte und die vielen Strapazen der vielen Nächte und Tage ertragen hatte, obwohl sie so zerbrechlich aussah wie ein Mädchen in ihren Teenagerjahren und immer so sanft war wie ein Kind. Dass jemand wie er inmitten solcher Geschehnisse war, schien unpassend. Doch die Einschätzung erwies sich am Ende als völlig falsch. Erziehung und Mut – nervöse Energie – hatten sich durchgesetzt, als andere untergegangen waren. Und der Mut und die Erziehung zeigten sich noch immer, als das Blut tropfte und verebbte und das Gesicht weiß wie ein Stein war.

Eine solche Parallele ist auch nicht so weit hergeholt, wie es zunächst erscheinen mag. Wenn man beides bedenkt, den Hund und den Menschen, sollte dieser Hund vor dem Ende ebenso auffällige und kaum weniger reizvolle Eigenschaften zeigen. Schmerzen zu ertragen ist nicht leicht. Es besteht kein Zweifel mehr daran, dass Menschen Schmerzen in unterschiedlichem Ausmaß empfinden und dass Leiden, die als identisch angesehen werden könnten, sich bei einer hochentwickelten Organisation verzehnfachen. Angesichts der hohen Intelligenz und nervösen Entwicklung dieses Hundes hätte man meinen können, dass Schmerzen Angst machen würden. Wenn dem so war, hat er es nie gezeigt.

Es ist hier unnötig, die vielen Fälle zu erwähnen, in denen sein Elan und sein Übermut zu einem Unfall führten, denn alle unsere Hunde geraten manchmal in Schwierigkeiten und haben Unfälle – zumindest solche, die von Bedeutung sind. Aber dieser Hund hatte außerdem die Angewohnheit, wenn er Schmerzen hatte, die Gesellschaft der Person zu meiden, die er am meisten liebte, und sich ausnahmslos an eine Frau zu wenden, um Hilfe zu erhalten. Das bedeutete, dass er wusste, dass viele Männer in solchen Fällen schlimmer als nutzlos waren: ein Schlag in diesem Fall, der nicht ohne Wahrhaftigkeit war. So kam er eines Nachts zwei Meilen durch Schnee nach Hause, beide Vorderpfoten waren quer durch mit Glassplittern zerschnitten – weil er in Schilf am gefrorenen Flussufer nach einer Ratte gerannt war. Zur ewigen Schande seines Herrchens hat er es nie herausgefunden. Aber als er nach Hause kam, machte sich dieser Hund sofort auf die Suche nach Aufmerksamkeit, und ertrug, was er ertragen musste, nicht nur ohne mit der Wimper zu zucken, sondern zeigte seine Dankbarkeit, indem er die Hand leckte, die ihn pflegte. Als er sich einmal schlimm gestoßen hatte, ging er in die gleiche Richtung, zeigte mit dem Fuß, legte sich hin und blieb vollkommen ruhig, während nach einem Nagel gesucht, dieser schließlich gefunden und dann mit einer eisernen Zange herausgezogen wurde.

Das sind zweifellos Trivialitäten; aber für einige von uns wären sie keine Trivialitäten. Dadurch zeigt sich der Charakter – er wird geformt und erfunden – damit andere ihn einschätzen und gebührend zur Kenntnis nehmen können. Und so ist es so, dass wir, egal ob sie von Menschen oder Tieren zur Schau gestellt werden, ihren Charme anerkennen und ihnen unseren Tribut zollen, so wie Therons Treue zu Roderick dem alten Severian diese Worte entlockte:

„Hast du einen Zauber, der dich so anzieht?

Die Herzen unseres ganzen Hauses – sogar des Tieres

Dem fehlt der Diskurs der Vernunft, aber zu oft,

Mit unverdorbenem Gefühl und dummem Glauben,

Stellt den herrschaftlichen Mann in den Schatten?"

X

Die Heuernte war aufgrund des Frühlingswetters und der fehlenden Nässe eher gering ausgefallen. Kaum war das Heu vom Boden, begann auch schon die Getreideernte, und man sah die langen Arme der Selbstbinder in der Luft über dem stehenden Hafer wedeln, der in dieser Saison als erster überhaupt unterging. „Der Mond war auf trockene Erde gefallen", wie die Erntearbeiter es ausdrückten; und wenn sie unbedingt an den Mond glaubten, würde es deshalb nicht regnen. Ausnahmsweise war der Glaube nicht fehl am Platz: Es herrschte große Hitze, die Weizen, Hafer und Gerste zu schnell reifen ließ, das Stroh kurz werden ließ und die Rüben mit Fliegen bedeckte.

Tagsüber war es zu heiß, um weit zu kommen – zumindest für diejenigen im Leben, die ihre Zeit selbst wählen können. Also machten der Hund und der Mann ihre Spaziergänge spät und verlängerten sie bis zu der Stunde, als der rötliche Mond feierlich in den Himmel über den Wäldern stieg und sich auf seinem niedrigen, sommerlichen Bogen nach Westen aufmachte. Das Tageslicht hielt noch lange an, nachdem die Sonne untergegangen war: Ein heißer Schein breitete sich allmählich nach Norden aus, und da das Licht in diese Richtung fiel und der Vollmond stand, waren in dem wolkenlosen Gewölbe darüber nur die beiden anderen Welten, Jupiter und Venus, sichtbar. Dies war die Tageszeit, um im Ausland zu sein, aber seltsamerweise auch die Stunde, zu der sich viele drinnen aufhielten. Es gab eine Ausrede für die Erntehelfer. Sie waren mit der Sonne aufgestanden: Um halb sieben war es Zeit, den Selbstbinder auf dem Feld zu Bett zu bringen; Um acht oder kurz danach lagen viele selbst im Bett. Männer und Pferde hatten viel geschwitzt und hatten einen langen Tag hinter sich.

An einem Abend wie diesem erhielt Murphy seine erste Lektion in der Arbeit mit der Hand, denn Hiobs Bemerkung hatte einen Gedankengang ausgelöst. Bildung war natürlich alles. Diejenigen, die auf dem Land lebten, sollten über die Dinge des Landes unterrichtet werden; sollte lernen, wenn nicht seine tieferen Wunder und Geheimnisse, so doch zumindest seine einfachen Lektionen und was sich dahinter verbirgt. Auf diesen Feldern und über diesen luftigen Abhängen sollten Muskeln und Sehnen gestärkt, Gesundheit und Kraft gesammelt und Seelen gereinigt werden, sofern die Wege des Mannes gerade und wahrhaftig waren.

Hier war Gottes Werk immer sichtbar, von den Wundern des Wachstums der Samen bis zum Erklingen der Musik des Regens, der die Luft reinigte und das Land mit Leben erfüllte. Hier war immer die unendliche Kraft der kleinen Dinge sichtbar, die Schönheit unbefleckt, die Naturgesetze immer in voller Wirkung – der Triumph guter Arbeit, die Unterdrückung des Bösen. Hier, auf diesen Feldern, war die Kraft der Arme versammelt, die dem Land zugute gekommen war, als die Trommeln schlugen und wahre Männer jenseits der Meere gesucht wurden. Das schien eher so zu sein, wie es sein sollte. Und so kann es auch noch sein – das heißt, wenn der Wahnsinn eines Tages vorbei ist und die Männer des Landes zurückkommen.

Bildung würde es tun. Manche Herzen würden von der alten Liebe gebissen und lernen, die neue zu vergessen. Aber die Erziehung muss wahr und nicht falsch sein, im Einklang mit dem Leben, das sein soll; nicht überfüllt und mit wenig Bezug zum Arbeitsfeld, das vor uns liegt. Einheitlichkeit bedeutet oft nur, sie auf ein totes Niveau herabzusetzen, wahre Freiheit und Freiheit zu zerstören, unnatürliches Wachstum zu erzwingen und diesem einen unwahren Trend zu verleihen. Bildung in dieser Richtung erscheint vielen Geistern seltsamerweise falsch und verdummend.

Scot, der nicht wie ein Schäferhund aussah – das heißt, wie seine Klasse normalerweise in Farbdrucken dargestellt wird –, könnte möglicherweise als Wasserspaniel aufgewachsen sein, oder er könnte der Liebling einer Doppelhaushälfte gewesen sein und gelernt haben, durch triste, unansehnliche Straßen zu gehen, ohne sein Leben zu gefährden: Es ist alles eine Frage der Erziehung, gestärkt durch die Umgebung. Tatsächlich wuchs er in einem Häuschen als Zuhause auf und lernte die Geheimnisse der Schafe, ihre Pflege und Versorgung, was das Strecken der Gliedmaßen bedeutete, nicht weniger als Freiheit und freie Luft.

Das Leben war zweifellos in gewisser Hinsicht hart. Manchmal gab es kurze Commons: Es gab viel schlechtes Wetter, wenn sein Herr in seltsame Kleidung gekleidet war und einen Sack wie die Kapuze eines Mönchs über seiner verwitterten Mütze trug und er selbst froh war, ihn zu bekommen zum Schutz der Hütte, wo der Ofen brannte: da war die Nässe, als alle gleichermaßen schlammbedeckt waren: da waren die beißenden Märzwinde. Aber es kam der frohe Frühling und die langen Sommertage; das eine gab dem anderen eine Würze und schuf eine Liebe für beide, und tief im Herzen, wo diese Liebe hell brannte, war der Stolz seiner Berufung, die Ehre, Schafe zu hüten. Softjobs waren nichts für Männer – oder männliche Hunde.

Natürlich konnte Murphy kein Schäferhund sein; das heißt, es sei denn, Job Nutt hatte die Absicht, ihn zu erschaffen. Dann hätte er natürlich einen richtigen Schulmeister gehabt und wäre zu den Dingen erzogen worden, in denen er geboren und aufgewachsen war, während die Zuschauer einen neuartigen Schäferhund erblickten. Allerdings besaß sein Herr keine Schafe. Doch angesichts der Tatsache, dass es ihm nicht so ergangen war wie anderen – auf der Straße herumzulaufen, um Sport zu treiben, oder im engen Garten einer Villa in einer Stadt zu liegen –, war es nur richtig, dass er alles lernte, was er konnte, und dass er sich weiterbilden musste sollte die Felder und die Hochebenen rund um sein Zuhause genießen.

Ob es überhaupt möglich gewesen wäre, ihn für die Straße zu schulen, bleibt als ungewiss. Der Eindruck bleibt, dass sein Leben, wenn er so dumm gewesen wäre, das Land für die Stadt zu verlassen, wahrscheinlich auf Stunden beschränkt gewesen wäre, da er die verzweifelten Gefahren der modernen Straße nie begriffen hatte. Glücklicherweise wurde er für ein besseres, freieres Leben geboren, und er hat diese Chance sicherlich nie weggeworfen, sondern das Beste daraus gemacht und dadurch großes Glück erlangt.

Natürlich hat es einige Zeit gedauert; Doch in jenen glücklichen Sommertagen wurde ein Anfang gemacht und die Kunst der Handarbeit allmählich zu einer gewissen Perfektion gebracht. Ein Großteil der Lebensfreude dieses Hundes beruhte letztendlich auf dieser Leistung, und er war nie glücklicher als beim Training. Die Ausbildung begann damit, dass man ihm beibrachte, sich auf den Befehl „Halt dort an" hinzulegen, und ihn dann für immer längere Zeiträume zurückzulassen. Er kannte diese Worte so gut, dass er sie sofort in die Tat umsetzte und auf diese Weise einmal durch ein kleines Missverständnis den Überblick verlor. Eines Tages wurde mir die Methode erklärt, als ich mit einem Freund spazieren ging. Die einleitenden Worte wurden natürlich verwendet. Einige Zeit, nachdem der Hund vermisst worden war, und erst nachdem die Schritte eine beträchtliche Entfernung zurückgelegt worden waren, wurde er gefunden. Er lag dort, wo er die Worte zum ersten Mal gehört hatte, und sah etwas schüchtern aus.

Das nächste Vorgehen bestand darin, ihn loszutreiben und dann anzuhalten, bis er nach und nach die Bewegung der Hände oder Arme verstand. Auf diese Weise war es möglich, ihn über große Entfernungen zu schicken oder ihn nach rechts oder links zu bewegen, ganz ähnlich der Art, wie wir Soldaten unsere Männer bewegen. Wenn eine Hand hoch erhoben wurde, ließ er sich sofort fallen, so dass niemand glauben konnte, dass sich im Umkreis einer Meile ein Hund befand: Er konnte im rauen Gras liegen, wo das Jakobskreuzkraut hoch stand oder der Weizen, wie man sagt, stolz war, und selbst unsichtbar sein. Aber er konnte mit seinen hellen Augen gut genug sehen, und sobald der Arm geschwenkt wurde, war er mit einem Schritt von zwei Metern oder mehr davon, drehte sich im Kreis und ließ das Tal von seinem fröhlichen Bellen widerhallen. Er war immer in den ganzen Spaß der Sache vertieft und betrachtete sie als das schönste Spiel, das je erfunden worden war.

„Na ja", bemerkte Job, während er zusah, und Scot ließ seiner Eifersucht freien Lauf, „na ja, ich mochte diesen Hund immer."

Und das tat auch jeder.

Mit jedem kleinen Zuwachs an Wissen, das er besaß, kamen Herr und Hund einander näher. Es ist immer eine strittige Frage, ob unsere Hunde glauben, dass sie zu der Familie gehören, in der sie leben, oder ob sie die Sache nicht andersherum sehen und beurteilen, dass die Familie zu ihnen gehört. In Murphys Fall besteht kein Zweifel daran, dass sein Herr, soweit es ihn betraf, mit Sicherheit ihm gehörte. Zunächst war die Lage anders gewesen. Dafür gab es einen Grund. Aber selbst der Grund dafür war offenbar inzwischen nicht mehr im Gedächtnis begriffen: Das Unrecht war zweifellos vergeben worden, und was weitaus wunderbarer war – oder besser gesagt, wäre es gewesen, wenn ein Mensch und kein Hund an der Sache beteiligt gewesen wären –, soweit möglich, auch gesehen, völlig vergessen worden.

Das Vertrauen war so vollständig gewonnen, dass alles erlaubt war, sogar das spielerische Schwingen eines Stocks. Stöcke waren Dinge zum Spielen. Sie hatten überhaupt nichts mit Bestrafung zu tun. Außerdem, war das Leben nicht ein Zustand, den man genießen sollte, und so glücklich, wie der Tag lang war? Und hatte er seinem einzigen großen Freund nicht unzählige Fakten beigebracht, von denen er bis dahin verzweifelt unwissend gewesen war?

Es war ganz leicht für Ihn zu sagen, dass er diesen Hund erzogen und trainiert hatte. Der Hund hatte Ihn die ganze Zeit trainiert. Es war ganz leicht für Ihn, in seinem Herzen zu denken, dass er diesem Hund Glück im Leben gegeben hatte. Das Glück war in gewissem Maße auch zu Ihm zurückgekehrt. Es hatte in mehr als einer Hinsicht eine seltsame Parallele zwischen ihren Fällen gegeben, und als diese sich bemerkbar gemacht hatte, verband sie die beiden enger miteinander. Sie waren jetzt nicht nur nie getrennt, sondern auch in anderer Hinsicht einer Meinung – in der Freude am Leben, wie sie es unter freiem Himmel fanden; im Glück der Kameradschaft, auf die sie sich zu verlassen lernten – drinnen und draußen; in der tieferen Bedeutung der Freundschaft, mit dem Vertrauen und der unerschütterlichen Wahrheit, die Freundschaft voraussetzt; in dem Glauben, den der eine immer in den anderen hatte, in guten wie in schlechten Tagen.

Die Zuschauer hörten oft, wie sie sagten: „Der Hund hat sich des Mannes angenommen." Und das hatte er bis zu einem gewissen Grad auch. Er hatte die Gewohnheiten seines Meisters genau gelernt. Er erkannte die Tageszeit am Schlagen der Uhr; Und wenn dieser Meister mit seiner komischen Art ihn jeden Morgen zu einer bestimmten Stunde hinauszögerte, stand er aus seiner vertrauten Ecke auf, stand auf und fixierte ihn mit seinen Augen. Oder, wenn dies fehlschlug, würde er sanft näher kommen, sein Kinn auf ein Knie legen und ihn dazu bringen, seine Arbeit niederzulegen und für die reguläre Pause herauszukommen. Bei den längeren Märschen früher gab es jede Stunde Pausen. Herauskommen! Herauskommen! Neue Kräfte und neue Ideen sollen draußen gesammelt werden; Sie werden hier drinnen langweilig werden, ganz gleich, ob Sie sich für diese oder jene Kunst entscheiden. Häuser sind gut genug, um darin zu schlafen und Schutz zu bieten; Aber es sind die Himmel, die Kraft geben, und es ist Gottes Himmel, der sich irgendwie, wenn auch nur schwach, in der Arbeit des Menschen widerspiegeln muss.

Also würden diese beiden in einem anderen Moment zusammen draußen sein; derjenige, der so weit geht, wie es die Leine zulässt; der andere tat, was eine weitere seiner Freuden im Leben war und die den Zuschauern so viel Spaß und Heiterkeit bereitete – die Jagd auf Vögel. Davon wurde er selbst am längsten und heißesten Tag nie müde. Den schönsten Spaß boten Amseln, da sie im Allgemeinen nur einen Meter über dem Boden flogen. Er kannte ihre Botschaft sofort; aber wahrscheinlich ärgerte ihn das Lachen des Grünspechts mehr als die meisten anderen, während er die spöttischen Töne der Kuckucke sicherlich als Beleidigung für sich selbst empfand. Von den verschiedensten Vögeln fing er viele, junge und alte, aber es war nie bekannt, dass er einen einzigen verletzte.

Die bemerkenswerteste seiner Heldentaten in dieser Richtung war, als er sich einmal am Meer befand. Es war eine einsame Küste, wo große purpurrote Klippen steil aus dem Sand ragten, deren Felsvorsprünge hier und da mit Tamarisken, Ginster und geschorenen Dornen bedeckt waren – bis zu ihrem höchsten Gipfel in einer Höhe von dreihundert Fuß, von wo aus sich die Moore weit erstreckten weg im Landesinneren. Zeitweise tobte dort eine heftige Brandung, die das Echo dieser Klippen verursachte und das Sprechen erschwerte. An diesen wilden Tagen war es gut, dass dieser Hund gelernt hatte, so perfekt mit der Hand zu arbeiten, denn er hatte keine Angst vor den Walzen, und das Wunder war, dass er dem Ertrinken entkam.

Der ganze Spaß an dieser neuen Situation lag darin begründet, dass diese Klippen von unzähligen Möwen bewohnt waren. Murphys Ziel war es, eine von ihnen zu fangen, und oft wurde er in seinem rasenden Eifer, sein Ziel zu erreichen, von einer Gischtwolke auf den Sand gespült. Die Silbermöwen waren der beste Sport von allen, mit ihren ständigen melancholischen Schreien – „pew-il“, „pee-ole“ oder ihrem heiseren Warnton „kak-k-kak“; ihre Körper waren zwei Fuß lang; ihre Flügelspannweite nicht weniger als vier Fuß und vier Fuß. Monatelang jagte er sie, bis ihn schließlich vielleicht jemand erkannte. Vielleicht war das der Grund, warum eine von ihnen einmal nicht schnell genug loskam. Murphy warf sich in die Luft und erwischte sie; und er erwischte sie nicht nur, sondern riss sie mit sich, wobei die großen Flügel die Luft um ihn herum schlugen, so dass der Hund vor lauter Vogel kaum zu sehen war. Es war wieder die alte Geschichte vom Hasen in seinen früheren Tagen, denn der Möwe war kein Schaden zugefügt worden, und als sie freigelassen wurde, flog sie aufs Meer hinaus, wobei sie im Flug den Ruf „Pew-il“ und „Pee-ole“ ausstieß, den die Wellen zurückschleuderten.

„Ich hätte nie geglaubt, so zu leben", bemerkte ein Hafenarbeiter, der damals vorbeikam. Aber Murphy und seine Lebensweise waren ihm fremd.

Was für ein Glück es im Leben gab, was für Sport und herrlichen Spaß – Sport den ganzen Tag lang, Spaß ohne Ende! Fing der Morgen nicht mit einem Spiel an? – der Hund legte sich in eine Ecke der Halle, fixierte sein Herrchen mit dem Blick, als es auftauchte, und dann, nachdem er eine Weile innegehalten hatte, als wolle er sagen: „Bist du bereit?", stürzte er sich mit voller Kraft, bis er mit einem letzten Sprung an die Brust seines Herrchens gehoben wurde, volle fünf Fuß über dem Boden. Natürlich war die ganze Halle jedes Mal in einer stickigen Atmosphäre, Matten und Teppiche lagen überall an ihrem Platz auf dem rutschigen Boden. Und dann der Lärm! Das Einzige, was man tun konnte, war, das Haus zu verlassen und dort draußen etwas Dampf abzulassen.

Kein Hund, der auch nur den geringsten Rest Nervosität oder Zögern hat, würde so etwas tun. Aber er tat es nur mit seinem Herrchen. Wenn er mit anderen zusammen war, hieß es, er sei ein anderer Hund gewesen, der keine Lust auf die Jagd oder das Jagen von Vögeln hatte – ein Hund, der tatsächlich immer in ein Zimmer lief und dort allein lag, es sei denn, er tauschte seinen Platz gegen die Matte neben der Haustür.

Natürlich würde er zurückkommen. Das taten die Leute immer. Diese Freundschaft konnte nie unterbrochen werden: Sie würde ewig halten. Er hatte seinen Herrn die Jahre zählen hören: „Vier" – das war sein eigenes Alter – so viel wusste er; und von vier zählte sein Herr bis zehn; dann zögerte er; dann sagte er „elf"; dann zögerte er wieder und bemerkte: „Zwölf – vielleicht: ja, kleiner Mann; du wirst mich schon hinausbringen – ganz ruhig!"

Und die Zuschauer fügten dem, was sie zuvor gesagt hatten, Folgendes hinzu: „Was *wird* passieren, wenn diesem Hund etwas passiert?"

Es war eine komische Art, es auszudrücken, aber die Antwort auf die Bemerkung lautete immer: „Lasst uns nicht auf halbem Weg auf Schwierigkeiten stoßen oder einen Rundgang durch die Hügel machen, um danach zu suchen;

„'Fortis cadere, cedere non potest.'"

XI

Die Straßen waren tief verschneit. Der Fall hatte zwei Stunden vor Sonnenaufgang begonnen; sanft und mit großen Flocken – die Vorahnung dessen, was kommen würde. Am Nachmittag fiel immer noch Schnee; Aber jetzt war der Wind aufgekommen, und jede große Flocke zerriss in ein Dutzend, während der Wind mit ihnen spielte, sie wie Staub nach oben trieb, sie dann auffing und horizontal und mit hoher Geschwindigkeit über den Boden schleuderte, bis sie einen Ruheplatz fanden -Platzierung in einer Schneewehe, die sich an der Nordseite von Zäunen bildete, oder Ruhe unter dem Brombeergestrüpp eines Grabens.

Eine Stunde oder länger vor Einbruch der Dunkelheit nahm der Wind zu und blies einen heftigen Sturm. Was für ein Spaß, da draußen zu sein: Komm schon!

Es dauerte nicht lange, bis Mensch und Hund fort waren. An einem solchen Tag wären die Straßen sicher; Also stapften die beiden ausnahmsweise weiter, bis sie zwei Wagen überholten. Wie groß sie im Smother aussahen, jeder mit seinem Dreierteam – ein Paar in den Schächten und ein weiterer an der Spitze als Anführer. Sprechen war schwierig oder nahezu unmöglich; aber zumindest konnten sie sich den Männern anschließen und ab und zu ein oder zwei Worte rufen.

Auf der Wetterseite sahen die großen Pferde doppelt so groß aus wie sie, da sie mit Schnee bedeckt waren, ihre Mähnen und die Haare an ihren riesigen Füßen waren alle mit Eis verfilzt. Aber auf der Leeseite sahen sie wie ganz andere Tiere aus, denn ihr Fell war dunkel und schweißdurchtränkt; es fiel ihnen schwer, sich auf den Beinen zu halten, und ihr Atem ging schwer durch die Nase, während sie weiter kämpften.

Nicht, dass sie eine schwere Last zu ziehen hätten. Die Wagen waren leer. Sie waren am Morgen mit einer vollen Ladung zurückgekommen, um Kohle mitzubringen. „Aber wie sollten sie das machen, bei diesem Wetter oder auf Straßen wie diesen hier? Nein, nein", rief der hinterste Fuhrmann, „wir müssen nach Hause, leer oder irgendwie, wenn die hier sich auf den Beinen halten können. Die Straße unter dem Schnee ist Eis, das sage ich euch – nur Eis; und außerdem liegt Fiddlehill direkt vor uns." Die letzten Worte wurden von einem Peitschenknall wie einem Pistolenschuss unterbrochen: Danach wurde für eine Weile alles Gerede eingestellt; der Wind wurde heftiger.

Beide Wagen waren gelb gestrichen, mit Scharlachrot durchsetzt; aber die Farbe, die in der Sonne der Erntetage glänzend ausgesehen hatte, sah jetzt im Schnee geschmacklos und schmutzig aus, und jeder Fleck oder jede Narbe grober Abnutzung war deutlich zu erkennen. Ab und zu kam der Wind mit einer wilden Böe und trug vereinzelte Strohhalme aus einem der Wagen, obwohl sich auf dem Boden Schnee sammelte; auf dem anderen schlugen die Schnüre einer Plane, die nur mittelmäßig befestigt war, wie eine Peitsche gegen die gelben Seiten. Einige dieser Geräusche passten Murphy nicht besonders; aber er hatte den besten und sichersten Platz gefunden und bahnte sich seinen Weg, so gut er konnte, geschützt unter dem hintersten Wagen und zwischen den hohen Hinterrädern, deren Felgen, Speichen und Naben wie alles andere mit Schnee behangen und bespritzt waren.

Es stimmte, dass er mit seinem weißen Gesicht und den weißen Schnurrhaaren wie der Hund von jemand anderem aussah. Aber sein Herr war auch weiß, von Kopf bis Fuß. Was machte das schon!

In einer weiteren Stunde oder weniger wäre die Dunkelheit über die Welt verschwunden, obwohl der Begriff Dunkelheit nur an einem Tag relativ war, an dem man nie hätte sagen können, dass es Licht war.

Als man das offene Gelände erreichte, peitschte der Schnee, in harte Flocken zerbrochen, Gesicht und Ohren wie Brennnesseln. Murphy war der Beste der Gruppe, außer als ihn etwas unter dem Wagen hervorzog und er auf eigene Faust ein Spiel mit dem Schnee spielte. Große Kränze hingen an den Zäunen oder standen auf Felsvorsprüngen dort, wo die Ufer hoch waren. Der Himmel, oder vielmehr die ganze Luft, war bleifarben, und alle Entfernungen waren ausgelöscht. Schwärme verrückter, abgelenkter Vögel flogen in großer Zahl dicht an ihnen vorbei, zumeist Finken und Lerchen, und hier und da ein oder zwei Wacholderdrosseln, deren Brüste und Unterflügel kräftig gefärbt waren. Dann kam ein Schwarm, der vollständig aus Ammern bestand, deren leuchtendes Gelb vor dem bleiernen Grau, das alles umhüllte, tief orange wirkte.

Das große Heer nahm kein Ende. Sie flogen alle in eine Richtung: Sie machten kein Geräusch außer dem Rauschen ihrer Flügel und gaben keinen einzigen Ton von sich: Sie flogen mit hoher Geschwindigkeit dahin, als hätten sie Angst, und doch gehorchten sie die ganze Zeit dem obersten Gesetz von allen. Im Süden würde es Schutz geben; dort würde das Leben bewahrt werden: hier war das unmöglich – für Vögel. „Bleibt unten, marschiert weiter!" Der Sieg wird dem Stärksten gehören: Die Schwachen werden in diesem erbarmungslosen Wind fallen und der Schnee wird die Toten bedecken, aber am Ende wird es für einige ein besseres Leben geben. „Bleibt unten, marschiert weiter!"

Dieser Anblick hatte etwas Unheimliches an sich. Und auch das Geräusch des Windes hatte etwas Unheimliches an sich. Er fegte über die Felder, riss mit wütenden Böen an den schneebedeckten Dornen in den Zäunen und trieb mit einem stöhnenden Geräusch in die Dunkelheit der hereinbrechenden Nacht.

Nirgendwo war ein menschliches Wesen zu sehen. Vertraute Gegenstände hatten alle ihren Charakter verändert, doch nur dadurch ließ sich erkennen, wo sie sich aufhielten. Die Überreste eines Heuschobers am Straßenrand tauchten plötzlich aus der Dunkelheit auf, mit weißem Dach wie ein großes Gespenst, die geschwärzten Seiten hier und da mit Schnee gesprenkelt. In den heißen Junitagen hatten zwei von ihnen gesehen, wie er gebaut wurde; und später, als der Heupreis gestiegen war und die Bauern ein paar Pfund verdienen konnten, sahen sie den Bindern bei der Arbeit zu. Aber diese Arbeit musste, wie die meisten anderen, jetzt aufgegeben werden.

Hier war die große Stoggle-Eiche am Teich, auf deren Ästen sich früher, so die Überlieferung, so mancher Straßenräuber geschwungen hatte! Der Sturm war für sie nichts Besonderes: sie hatte so viele überstanden: Die Welt war ein schöner Ort; aber das Leben war voller Prüfungen und Bedrängnisse. „Kopf hoch! Verhaltet euch wie Männer", schienen ihre Äste in feierlichem, tiefem Tonfall zu brüllen. „Kopf hoch! – Da vorne liegt ein Zufluchtsort für alle!"

Es dauerte noch fünfzig Meter, bis die Stimme der Eiche verloren ging. Aber während Mensch und Hund noch weiter arbeiteten, aus großer Freude am Wind und Schnee und aus Liebe zu den Elementen in ihrer schlimmsten Form – die Pferde kämpften, die Fuhrleute riefen ihnen laut zu und drängten sie, ihr Bestes zu geben, und so mancher Knall der Peitsche – plötzlich herrschte Ruhe und für einen Moment herrschte Frieden. Und in diesem Moment erklangen aus dem Tal weitere Geräusche – die Lärchen und Tannen dort unten seufzten eine Melodie vor sich hin, teilweise im Schutz des Hügels.

Es war Zeit umzukehren. In der Richtung, in der diese letzten Geräusche ertönten, gab es eine Gasse: Auf diese Weise konnte man leicht nach Hause gelangen, und wahrscheinlich wäre die Fahrbahn selbst durch den starken Wind fast freigefegt worden.

Die Waggons waren augenblicklich nicht mehr zu sehen, doch das holzige Rasseln der Achsen war immer noch zu hören: Es schneite wieder heftig, die Kälte wurde immer heftiger, der Wind ließ jetzt ganz nach. Ein oder zwei tote Vögel kamen vorbei, die im Schnee lagen, die Krallen in der Luft und schon steif: Ein Filz und eine Goldammer lagen nebeneinander am Fuße des Hügels. Es war, als ob die Toten in fröhlichen Uniformen nach einer Aktion verstreut lagen. Etwas weiter entfernt war eine Amsel, zu Murphys offensichtlicher Freude. Er fand es sofort und wollte es nach Hause tragen; es war noch warm. Aber dies war keine Zeit zum Narren. Es war bereits dunkel und wurde immer dunkler; Das Richtige war, zusammenzuhalten und nach Hause zu gehen. Das Reisen war selbst für große Männer nicht gerade einfach und für Hunde stellenweise wirklich schwierig.

An den Stellen, wo Feldtore zur Straße führten, hatten sich quer über den Weg zwei Fuß tiefe Schneeverwehungen gebildet, und es war notwendig, den Hund hochzuheben und zu tragen, obwohl dieser das für eine dumme Sache hielt. Die Zeit war gekommen, als sein Meister das tun musste; aber er war damals nicht besser als ein Kind in den Armen gewesen. Jetzt war er ein Mann und hatte den Stand des Menschen erreicht und darüber hinaus gelernt, was das Leben ist, mit seinen Stunden voller Gesundheit und voller neuer Abenteuer und Erfahrungen, wie es natürlich sein sollte. Seine Muskeln waren hart und flexibel wie Stahl, sein Herz voller Leben, sein Gehirn lernte schnell, was sein Meister für das Beste hielt, was er wissen sollte. Gesundheit, Kraft, was für ein Glück das alles war! Die Nähe dieser Wagen war ziemlich deprimierend und das Knallen dieser Peitschen etwas beunruhigend; aber er hörte nicht auf, darüber nachzudenken, warum. Es reichte, dass er und sein Meister zusammen waren. Die Vergangenheit könnte für sich selbst sorgen, und das Gleiche gilt für die Zukunft; Das war das allumfassende Geschenk.

Im Tal herrschte tiefe Stille; selbst die Lärche und die Tannen hatten ihren Gesang aufgegeben. Bei jedem Schritt war das Knirschen des Fußes zu hören, und ab und zu ein Rascheln in der Hecke, wenn ein Brombeerstrauch mit Schnee überladen wurde und seine Last in den Graben warf, oder wenn die Blätter des letzten Jahres, die noch an einer Eiche klebten, raschelten und verschwanden einfach nochmal. Ansonsten war die Welt tot oder schlief; Es machte kaum einen Unterschied, was.

Weiter ging es an einer Hütte vorbei, und der Lichtschimmer einer Kerze darin zeigte, dass die Schneeflocken immer noch schnell fielen. Am Morgen würde dieser Weg unpassierbar sein. An der Biegung des Weges waren Stimmen zu hören. Sie waren ein Stück weit weg, aber man konnte leicht erkennen, dass es die von zwei Männern waren, die sich unterhielten. Bald wurden die Stimmen deutlicher hörbar. Es war zu dunkel, um zu erkennen, wer die Männer waren, als sie vorbeigingen: Nachts, wenn es schneit, sind die Leute, denen man begegnet, schon auf und weg, fast bevor sie ihre Nähe bemerken. Es war gerade noch Zeit für ein „Gute Nacht" mit einem „Gute Nacht, Sir" als Antwort.

Einen Moment lang herrschte Stille, dann begannen die Männer wieder zu reden.

„Gott segne dich! Hast du gesehen, wer das war, Tom, und das ausgerechnet in einer Nacht wie dieser?", bemerkte einer.

„Ich weiß es nicht, da ich es kenne."

„Weißt du nicht?"

„Aber Gott segne dich – das ist Er und sein Hund!"

„Da, war es das jetzt? Er und sein Hund, ganz bestimmt. Hat ihn getragen, oder? So ähnlich.“

„Ah, wir sind doch alle zusammen, oder?“

„Er selbst scheint nicht viel anderes zu haben.“

Es wäre besser, weiterzugehen und nicht mit offenem Mund im Dunkeln zu stehen und Dinge zu hören, die man nie hören sollte. Die Wahrheit des alten Sprichworts gilt im Allgemeinen; und manchmal bleiben Worte, die man auf diese Weise zufällig mithört, für den Rest des Lebens im Gedächtnis haften. Diese letzten waren wie ein Stich.

„Scheint, als hättest du nicht viel anderes?“ Was meinte der Kerl damit? Wie oft verurteilen die Zuschauer das! Was für ein Fehler, überhaupt ein Urteil zu fällen – über irgendetwas oder irgendjemanden!

„… Viel anderes … viel anderes…?“

Die Straße war hier weniger bedeckt. Der Hund war schwer: noch ein paar Meter und er wurde abgesetzt. Als die Reise fortgesetzt wurde, begann er in der Dunkelheit zu spielen und in seiner gewinnenden und liebevollen Art mit den Fingern der Hand seines Herrchens zu sagen: „Danke, wir sind zusammen, der Rest ist unwichtig.“

„Er und sein Hund … und sonst noch viel … und sonst noch viel …?“ Die Worte folgten den Schritten.

Wie dunkel es war!

Und kalt – das Thermometer zeigte minus 1°.

Zwölftes Kapitel

Eine Sommernacht, und die Hitze war die Hitze der Hundstage. Die Straßenbahnen fuhren schon lange nicht mehr, die Straßen waren völlig verlassen.

Vor nicht allzu langer Zeit hatte die Uhr hoch oben im Turm von St. Giles drei Viertel geschlagen; und jetzt schlug sie die Stunde und schlug müde „Zwei". Dann erwachten auch andere Uhren zu ihrer Pflicht und wiederholten, da sie keine Glockenschläge besaßen, die letztere Information in verschiedenen Tonarten von weit her und von nah her. Es war alles sehr düster; und der Geruch der Straßen war sehr unangenehm.

An diesem Abend war Bill an der Reihe, wach zu sein; zumindest sagten sie, er sei an der Reihe. Tatsächlich war er drei Nächte hintereinander wach gewesen und in den letzten achtzehn Nächten mindestens zehn, denn dies war kein gewöhnlicher Fall, und der Ruf der Firma stand auf dem Spiel. Nicht, dass er die Ehre eines Mitglieds oder gar eines Partners der Firma gehabt hätte; aber er hatte für sie gearbeitet, erzählte er oft und mit nicht geringem Stolz in der Stimme – „zweiunddreißig Jahre, bis Lammas, und das war eine sehr lange Zeit."

Bill und die wenigen, die noch übrig waren oder noch zu finden waren, die wie er lebten, waren der Verdienst der Firma; und das Vertrauen in die Firma sollte nie enttäuscht werden, solange Bill Withers auf seinen zwei Beinen gehen oder einem leidenden Geschöpf helfen konnte. Das waren seine Ansichten. Natürlich hatte dieser Bill auch eine Schwäche für Tiere im Allgemeinen, obwohl die größte Schwäche vor allem Hunden galt.

„Sie waren Menschen; nun ja, ein Anblick, der besser war als menschlich, da jeder Mensch manchmal Menschen sehen kann" – so drückte er es aus. „Und es gab nicht den geringsten Zweifel daran, egal, was niemand sagte."

Seine Kameraden im Hof dachten sich daraufhin, es sei besser, die Sache auf sich beruhen zu lassen.

„Der Bill da hat bei den meisten Dingen sein komisches Versteck; lasst ihn lieber in Ruhe", bemerkten sie mit einem Mundwinkelverziehen und gingen weiter.

Bill hatte die Angewohnheit, seine Gedanken laut auszusprechen, besonders wenn er nachts wach war. Er fand Gesellschaft in dieser Gewohnheit und verbrachte nun seine Zeit auf diese Weise.

"Zwei Uhr. Noch eine halbe Stunde und er braucht die Suppe und dann ein wenig Aufputschmittel. Das waren die Befehle. Mal sehen. Morgen ist Toosday. Damit ist es nun schon drei Wochen her, seit der Kapitän uns in seinem Motor mitgebracht hat, ganz in Decken gehüllt. Das war es, was ihn im Moment gerettet hat. Aber hier – er wird seitdem sowieso alle zwei Stunden Tag und Nacht gefüttert. Gut gut...."

Auf dem Kopfsteinpflaster des Hofes war eine Stufe. Bill sah sich um. "Herr. „Charles" – wie er ihn nannte – der Chef der Firma, kam.

Fünf Wochen zuvor war Murphy krank geworden. Niemand schien zu wissen, was mit ihm los war, außer dass er unruhig war, sein Essen verweigerte und in seinem Mantel falsch aussah. Der Geist, der in ihm steckte, führte andere in die Irre: Er jagte schon bei der kleinsten Provokation Vögel; Kaninchen waren keine Tiere, die man aufgeben sollte, solange der Körper noch Atem hatte; Dieses schönste Spiel, bei dem es um die Hand geht, sollte bis zum letzten Tag gespielt werden, denn war es nicht der größte Spaß für beide, und lachte sein Herr nicht laut, als alles vorbei war, und er hüpfte und bellte und sprang sich selbst und bittet darum, nur noch einmal an die Reihe zu kommen? Nur die Hasenherzigen gaben auf; Das Leben sollte bis zur letzten Minute gelebt werden, besonders wenn es so voller Spaß und Glück war wie seines. Wenn er nach diesen Taten nachließ und müde war, lag es nur an der Hitze: Morgen würde es ihm wieder gut gehen. Also wurde er eine Woche lang ruhig gehalten.

Aber der Morgen kam und er war weniger lebensfroh als am Tag zuvor. Offensichtlich stimmte etwas nicht; obwohl um Rat gefragt wurde, und mit wenig Erfolg. Seine leuchtenden Augen waren inzwischen stumpf geworden und er lehnte jegliche Nahrung ab. Es war an der Zeit, die beste Meinung einzuholen, die man haben konnte.

"Staupe. Lungenentzündung; und auch das Herz war betroffen." Das war das Urteil. Es gab einfach eine Chance für ihn. Es wäre ein Risiko, ihn so weit zu bewegen; aber es hat sich vielleicht gelohnt, da die Behandlung dann ordnungsgemäß durchgeführt werden konnte: In Einrichtungen dieser Art wurden alle Tiere mit der gleichen Sorgfalt und Geschicklichkeit gepflegt wie Patienten in einem Krankenhaus.

Also wurde Murphy weggebracht. Wie plötzlich war alles passiert. Und nun waren drei Wochen vergangen; und der Hund lebte noch.

„Wie geht es ihm, Bill?"

„Meiner Meinung nach gibt es keinen Unterschied, wie ich sehen kann."

„Wir müssen ihn retten, wenn wir können, Bill. Sie war heute wieder hier und sagte, der Hund sei so wertvoll, dass sie nicht wisse, was passieren würde, wenn er sterben würde."

„Ich habe so etwas beurteilt", bemerkte Bill. „Ich habe einen Cousin auf der anderen Seite: den Hirten von Mr. Phipps – ihn ebenso wie die Fair Mile

Farm. Du weißt es. Er kam mit ihm herein – am letzten Samstag auf dem Markt – wegen ein paar Tegs; und er hat hier angerufen, und ich glaube, wir würden fragen, wie das hier gelaufen ist. Sagte, er hätte uns auf jeden Fall gemocht. Scheint alles über uns zu wissen. Sagte, er und der Herr hätten zusammen einen Wus Allus; dass er sich nicht fortbewegen konnte wie manche; und dass er und dieser Hund hier nie getrennt waren und auf seltsame Weise zusammenzuhalten schienen. Sie hätten dort unten einen Namen für die beiden gefunden – sagt er; aber ich vergesse jetzt fast, was da war.

„Das verstehe ich. Ein oder zwei haben im Büro angerufen und nach ihm gefragt, und sie haben so ziemlich das Gleiche gesagt.“

„Er war selbst hier, nicht wahr?“, erkundigte sich Bill.

„Ja, gestern. Ich sagte ihm, er könne ihn nicht sehen, oder besser gesagt, wenn er ihn sehen könnte, so würde ich, da das Herz des Hundes so hart war, nicht für das Ergebnis geradestehen. Danach sprach er kein Wort mehr, außer: ‚Tu dein Bestes‘, und ging hinaus.“

„Nach dem, was mein Cousin gesagt hat“, warf Bill ein, „würde ich davon ausgehen, dass der Hund sofort umgekommen wäre, wenn er reingekommen wäre.“ Dabei strich er Murphy über die Ohren.

„Ich sagte ihm“, fuhr Mr. Charles fort, „dass zwei Dinge besonders gegen diesen Hund sprechen: das eine ist seine hohe Abstammung und das andere seine geistige Entwicklung. Vor Letzterem habe ich allerdings am meisten Angst.“

„Geistig? Clever?“, warf Bill ein – „Ich würde einfach sagen, er *war es* .“

„—Und ich sagte ihm, dass ich noch nie einen Hund gesehen hätte, der leichter zu behandeln sei; und dass er sich tapfer um ihn wehrte.“

„Das stimmt“, sagte Bill in einem Ton, als wären die Worte „Amen“ gewesen.

„– Und dass er so vernünftig war, dass er uns mit ihm machen ließ, was wir wollten; so gut und geduldig, dass es keinen Mann im Hof gab, der nicht *gern* etwas für ihn tat.“

„Das stimmt wieder“, unterbrach Bill ihn mit Nachdruck. – „Murphy“, sagte er und rief den Hund beim Namen. „Puh! Wieder ein heißer Tag, schätze ich; es wird bald hell.“ Bill sah in den Himmel.

„Alle gegen ihn, alle gegen ihn“, erwiderte der andere. „Aber es würde mir wirklich leid tun, wenn wir ihn jetzt verlieren würden.“

Bill schüttelte den Kopf. „Sehen Sie sich alles an, was geschehen ist ... und die Telegramme ... und die Briefe und ...“

Das Gespräch der beiden Männer wurde durch ein leises Bellen des Hundes unterbrochen.

„Träumen“, sagte Bill; „schläft viel.“

„Hirn“, sagte der andere und lauschte, „das habe ich die ganze Zeit befürchtet. Es ist alles erledigt, Bill.“

Bill lag am Boden und hatte eine seiner Hände unter den Kopf des Hundes gelegt.

Das Bellen kam wieder: nur ein sehr schwaches; nicht genug, um jemanden in der Nähe zu stören. Danach wurde es kontinuierlich; wurde etwas lauter; dann allmählich schwächer.

Vielleicht jagte er Vögel, obwohl das bezweifelt werden kann. Wahrscheinlicher ist, dass er auf den sonnenbeschienenen Feldern in der frischen Luft bis zum Umfallen arbeitete, mit einem erfüllten Leben, das er noch vor sich hatte, und in der Gesellschaft einer Person, die er von ganzem Herzen liebte und der er, ein Hund, während er selbst ständig lernte, unendlich viel beigebracht hatte.

Es besteht kaum ein Zweifel daran, dass er mit der Hand arbeitete. Natürlich tat er das. Aber die Hand, die ihm jetzt zuwinkte, kam von jenseits der Grenze – aus dem Land, wo es Platz für Mann und Hund gibt und wo es ein gesegnetes Wiedersehen mit alten Freunden geben wird.

Das Bellen verstummte: Murphy war tot.

„Nicht fünf Jahre; oder nur knapp“, bemerkte Bill.

Beide Männer seufzten.

Der Tag brach an, als sie gemeinsam den Hof entlanggingen.

Ein paar Tage später kam dies, geschrieben von jemandem, dessen Beruf es war, sich um die Kranken und Leidenden unter den Tieren zu kümmern; für den ihr Tod kein seltenes Ereignis war und durch dessen Hände viele Tausende gegangen sein müssen:

„Es tut mir so leid, aber es war wirklich eine glückliche Erleichterung, nachdem sich die Gehirnsymptome entwickelt hatten.

„Ich kann nur sagen, dass Ihr Hund die Zuneigung von uns allen hier in einem Ausmaß gewonnen hat, wie es kein anderer Patient erreicht hat. Ich denke, das lag an der sehr tapferen Art, mit der er seine Leiden ertrug, an

seinem freundlichen und umgänglichen Wesen und seiner fast menschlichen
Intelligenz. Es besteht kein Zweifel, dass letzteres die Anfälligkeit seines
Gehirns für Krankheiten erhöhte und eine Genesung hoffnungslos machte."

Zwei Männer arbeiteten sich langsam den Dene hinauf. Es waren der
Schäfer, Job Nutt, und sein Stellvertreter. Und ihre Hunde folgten ihnen
dicht auf den Fersen.

Sie hatten gerade weiter unten auf den Wicken einen neuen Köder für die
Schafe ausgelegt und machten sich auf den Heimweg.

Violette Schatten hatten sich bis zum Äußersten über den roten Weizen
ausgebreitet, der jetzt rasch reifte; bald würden sie ganz verblassen und die
Wälder würden blau werden. Denn die Sonne berührte die Linie der fernen
Hügel, und die Arbeit des langen Tages war getan.

„Na, da geht er", sagt einer und zeigt nach oben in Richtung Osten.

„So ist es", erwidert der andere – „Er und sein ... Oh, ach! Aber ich hatte es
fast vergessen. Ich mochte diesen Hund immer"; und Job Nutt winkte mit
der Hand.

Alle wussten es. Anders als allgemein angenommen, verbreiten sich unter
den Bauern bestimmte Neuigkeiten schnell.

Dreizehnte

Es war nur ein Hund.

Vielleicht.

Die Tatsache verbietet nicht die vertraute Frage, die dem Menschen immer zu bestimmten Zeiten in den Sinn kommt und bis zum Ende der Zeit auch weiterhin bestehen wird, ob sein Freund im Leben einen Menschen oder nur einen Hund annimmt:

„Aber sein Geist – wo ruht sein Geist?

Es war Gott, der ihn erschaffen hat – Gott weiß es am besten.“

Auf die Frage „Wohin?“ gibt es in Wahrheit keine Antwort. Und so sind wir gezwungen, es unserer Gewohnheit entsprechend zu belassen, wenn wir im Unrecht sind, und so, wie der Dichter es hier belässt. Im Fall des Mannes glauben wir, wir verstehen. Im Fall des Hundes scheint sich unsere Schwierigkeit einer Lösung zu entziehen: Es geht nicht um Argumente, Behauptungen sind müßig, Dogmen haben keinen Platz. Auf der einen Seite haben wir jene Prinzipien, die dem Menschen zugute kommen, von denen es aber jetzt unziemlich wäre, darüber zu sprechen. Die überwiegende Mehrheit der christlichen Männer ist in der Lage, die Stürme des Lebens zu überstehen, ohne dass ihr Selbstvertrauen völlig nachgibt, und mit den ersten Ankern, die in dem verankert sind, was sie für den besten Halt halten. Wenn wir uns jedoch dem möglichen zukünftigen Status des Hundes zuwenden, gibt es keinen Notanker und der Haltegrund ist gleichgültig. Doch wenn wir den Fall des Menschen und des Hundes betrachten, bleiben wir nicht ohne ein gewisses Maß an Unterstützung, das gleichermaßen auf beide anwendbar ist. Der Geist, der als das unmittelbare Erfassen des Geistes ohne Begründung definiert werden kann – der Geist der Intuition – hilft uns auf beiden Seiten. „Wir sind ausgestattet“, wie Bischof Butler uns sagt, „mit Wahrnehmungsfähigkeiten“; und diese befähigen uns, vieles zu akzeptieren, was außerhalb des eigentlichen Beweisbereichs liegt, weil unser inneres Bewusstsein uns sagt, dass wir nicht ganz auf einem falschen Weg sind und dass Wahrheiten, wenn auch halb verborgen, aber doch mit Gewissheit, in dieser Richtung existieren in dem wir ernsthaft suchen.

Wir leiden hier wie immer zwangsläufig unter der Tendenz, den Wunsch zum Vater des Gedankens zu machen; oder, mit anderen Worten, wir schaufeln nicht selten das Ungenießbare über Bord, um das Schiff leichter zu machen und diesen oder jenen Sturm zu überstehen, ohne den oben genannten Notanker ganz so stark zu belasten. Die Mehrheit der Menschheit glaubt und wird weiterhin fest an das glauben, was sie glauben möchte. Doch diese Tendenz unsererseits – die oft dort sichtbar ist, wo wir sie am wenigsten erwarten würden – beweist nicht unbedingt, dass unsere Überzeugungen falsch sind, während sie uns nicht selten direkt zu Wahrheiten führt, wie unorthodox unser Weg auch Beobachtern erscheinen mag.

Wenn wir uns also mit der Frage der möglichen zukünftigen Existenz unserer Hundefreunde befassen, ist das vorherrschende Gefühl häufig folgendes: Wir glauben, dass es mit großer Wahrscheinlichkeit eine Zukunft für sie gibt, weil wir das Gefühl haben, dass es eine Wende wäre, wenn wir nicht daran glauben würden das gesamte Schema des Universums, wie wir es verstehen, in ein wenig Unsinn zu verwandeln. Wir bleiben nicht bei der Vernunft stehen: Solche Dinge sind, weil sie sein müssen; Sie können nicht aufhören zu existieren, ohne den Plan unserer Konzeption völlig zu entstellen. Die Intuition weist, vielleicht fast impulsiv, in eine Richtung. Es gibt „einen intelligenten Urheber der Natur oder einen natürlichen Herrscher der Welt". Das Leben besteht nicht aus Zufällen. Irgendwann wird es Glück in seiner vollkommensten Form geben; andernfalls gäbe es Ungerechtigkeit, und dafür liefert das Leben, wie wir es kennen, kaum oder gar keine Beweise. Damit das Glück vollkommen ist, dürfen die Lieder, die wir hören sollen, nicht gleichgültig harmonisiert sein, es darf keine Risse in der Laute geben: Im Zustand der Vollkommenheit müssen Unvollkommenheiten notwendigerweise nicht wahrnehmbar sein.

Aufgrund unserer engen, menschlichen Beschränkungen werden wir zu Schlussfolgerungen getrieben, die von Natur aus durch diese Beschränkungen umschrieben und gefärbt sind. Wir sind uns der Begrenztheit des uns zugestandenen Sichtfeldes bewusst und werden ständig darauf hingewiesen, dass wir mit den Flügeln gegen die Gitterstäbe schlagen; aber wir akzeptieren dennoch diese oder jene Schlussfolgerung, weil sie unsere Seele befriedigt, oder wir weigern uns, sie zu akzeptieren, weil wir nicht ehrlich zugeben können, dass sie dies tut. Doch auch hier steckt hinter Akzeptanz und Ablehnung noch etwas anderes – jene Intuition und Wahrnehmungskraft, die es uns ermöglichen, Befriedigung in Schlussfolgerungen zu finden, von denen wir wissen, dass sie außerhalb von Glaubensfragen liegen, die wir aber dennoch als wahr empfinden. Und gerade die Tatsache, dass wir diese Befriedigung erlangen und spüren können, dass unsere Schlussfolgerungen ein Element der Wahrheit enthalten, bestätigt uns tendenziell in unseren Vermutungen, ob zu Recht oder zu Unrecht.

So kommen wir bewusst zu der Meinung, dass Hunde im Land jenseits der Grenze ihren Platz haben werden. Eine solche Meinung mag gewagt sein, aber es gibt Grund zu der Annahme, dass sie ziemlich weit verbreitet ist. Wir neigen natürlich dazu, zu materialisieren, wenn wir unsere verschiedenen Bilder aufbauen, aber hier sündigen wir, wenn überhaupt, in bester Gesellschaft. Die viereckige Stadt, die uns in der Vision auf der Insel Patmos beschrieben wird, war aus reinem Gold, mit Mauern aus Jaspis und Toren aus Edelsteinen, und in ihr gab es Bäume und Vögel und viele verschiedene Tiere und materielle Dinge von größter Schönheit, neben den Gestalten unzähliger Engel. Die Beschreibung hätte nicht anders ausfallen können, wenn sie vom menschlichen Verstand auch nur in begrenztem Umfang erfasst werden sollte. So ist es auch mit uns. Sich eine Welt mit allen Attributen der Schönheit ohne Blumen vorzustellen, ist unmöglich. Sich eine Welt voller Musik und Gesang ohne Vögel vorzustellen, mag möglich sein, übersteigt aber die Fähigkeiten der meisten Geister. Der Versuch, an das Glück einer Welt zu glauben, in der man Gesellschaft erwarten kann und ein Wiedersehen versprochen wird, die Gesellschaft von Hunden jedoch verwehrt bleibt, stellt für manche eine äußerste Übertreibung dar und wird wahrscheinlich scheitern.

„Noch", schreibt Bischof Butler in seiner unsterblichen Abhandlung, „können wir in der gesamten Naturanalogie nichts finden, was uns auch nur die geringste Vermutung geben könnte, dass Tiere jemals ihre Lebenskraft verlieren; geschweige denn, wenn es möglich wäre, dass sie sie durch den Tod verlieren; denn wir haben keine Fähigkeiten, mit denen wir etwas darüber hinaus oder durch ihn hindurch verfolgen könnten, um zu sehen, was aus ihnen wird. Dieses Ereignis entfernt sie aus unserer Sicht. Es zerstört den vernünftigen Beweis, den wir vor dem Tod hatten, dass sie über lebendige Kräfte verfügten, scheint aber nicht den geringsten Grund zu der Annahme zu geben, dass sie ihnen dann oder durch dieses Ereignis beraubt wurden. Und unser Wissen, dass sie über diese Kräfte verfügten, bis zu dem Zeitpunkt, bis zu dem wir die Fähigkeiten haben, sie zurückzuverfolgen, ist selbst eine Wahrscheinlichkeit dafür, dass sie sie darüber hinaus behalten."

Als Robert Southey seinen alten Freund Phillis zum letzten Mal sah – und es ist ein bitterer Unterschied, ob man bei einer solchen Gelegenheit auf die Jungen oder die Alten sieht –, erzählt er, wie oft er und dieser Hund in seinen früheren Tagen gemeinsam kindliche Spiele gespielt hatten und wie er später, als ihn schwere Zeiten heimsuchten, Freude daran fand, sich an die treue Zuneigung des Freundes in der fernen Heimat zu erinnern und sich danach sehnte, die Wärme seines stummen Willkommens wieder zu spüren. Dann, als der alte Hund schließlich tot ist und diese kostbaren Verbindungen sich gelöst haben, bricht er aus mit:

„Mein Glaubensbekenntnis ist nicht engstirnig;

Und Er, der dich schuf, schuf nicht

Das Mysterium des Lebens ist der Sport

Des gnadenlosen Menschen. Es gibt eine andere Welt

Für alle, die leben und sich bewegen – ein besseres!

Wo die stolzen Zweibeiner, die sich gern einsperren würden

Unendliche Güte bis ins kleinste Detail

Mögen dich um ihre eigene Barmherzigkeit beneiden!"

Wenn wir uns dem ersten aller Bücher zuwenden, scheint der Hund zweifellos hart behandelt zu werden. Der Begriff „Hund" ist immer ein Vorwurf. Goliath verflucht David und fragt: „Bin ich ein Hund?" Abner ruft: „Bin ich ein Hundekopf?" Der heilige Paulus bezeichnet falsche Propheten als Hunde. In den Psalmen wird der Hund als Synonym für den Teufel angesehen; in den Evangelien steht es für unheilige Männer. Böse Arbeiter sind Hunde; ein Hund ist das Äquivalent eines Narren; Nichts ist niedriger als ein Hund, und nichts ist mehr zu verabscheuen. Schließlich gibt es noch den härtesten Satz von allen: „Draußen sind Hunde"; als ob jede Hoffnung auf Hunde völlig verboten wäre. Es ist überall das Gleiche: Die Verdorbenen der Menschheit sind Hunde, und der Höhepunkt möglicher Vorwürfe und Verachtung liegt offenbar in der Verwendung dieses einen Begriffs. Gib die Hoffnung auf; ohne, seid ihr Hunde!

Aber ist die Verwendung des Begriffs „Hund" wörtlich zu nehmen? Es scheint zahlreiche Beweise dafür zu geben, dass dies nicht der Fall sein sollte. Die Extravaganz der Sprache lässt sofort Zweifel aufkommen, ebenso wie die Groteske der Verwendung des Begriffs zeigt, dass der Hund selbst nie gemeint sein konnte. Der heilige Paulus bezeichnet falsche Propheten aufgrund ihrer Unverschämtheit und Gewinnsucht als Hunde – Eigenschaften, die kaum dem Tier selbst zugeschrieben werden können. Der Begriff „toter Hund" war der schmählichste Ausdruck, den ein Jude je in die Welt setzen konnte; Als David versuchte, Saul klarzumachen, dass die Verfolgung, der er ihn aussetzte, eine Schande für ihn selbst sei, fragte er ihn, wen er verfolgte; Verfolgte er „einen toten Hund"? Wenn, wie Horace es ausdrückt, „der Tod die äußerste Grenze von Reichtum und Macht ist", dann ist er sicherlich nicht weniger eine Strebensgrenze.

Andererseits schreibt David in den Psalmen: „Befreie meine Seele vom Schwert, mein Liebling, von der Macht des Hundes"; mit anderen Worten, der Teufel. Nicht alle Hunde sind gute Hunde, obwohl alle Hunde für ihre jeweiligen Besitzer gute Hunde sind; Aber kein Hund kann so eingestuft werden, wie wir ihn hier finden, oder als Abbild und Ebenbild der am meisten verdorbenen und erniedrigten Menschheit, wie wir ihn anderswo finden. Er ist dieser Sünden unfähig; er begeht diese Fehler nicht.

Woran wir uns erinnern müssen, ist offenbar Folgendes. Die früheste Erwähnung des Hundes in der Heiligen Schrift steht im Zusammenhang mit dem Aufenthalt der Israeliten in Ägypten. Der Hund wurde nach jüdischem Gesetz für unrein erklärt; und es ist nicht unwahrscheinlich, dass die Juden so gelehrt wurden, ihn im Gegensatz zu jenen Zuchtmeistern zu betrachten, die ihn, wie sie wohl wussten, für heilig hielten. So erscheint der Begriff „Hunde" oft als Ausdruck eines leidenschaftlichen und tiefsitzenden Hasses, unabhängig von der Unreinheit des Tieres und auch vom Tier selbst. Auf diese Weise erwies sich das Wort als nützlich, um es jederzeit an die Spitze eines Feindes zu werfen oder um diejenigen zu klassifizieren, die außerhalb des Bereichs des normalen menschlichen Anstands lebten. Für solche Letzteren konnte es keine Hoffnung geben, und es wurde beurteilt, dass der Begriff, wie er auf sie angewendet wurde, mit dem bittersten Stigma verbunden sei, so wie es auch im Osten bis zum heutigen Tag der Fall ist. Ein Christ zu sein bedeutet, ein Hund zu sein; ein Jude zu sein bedeutet, ein Hund zu sein; ein Ungläubiger ist ein Hund; und als „Judenhund" oder „toter Hund" bekannt zu sein, bedeutet in den Augen aller Menschen, in die tiefste Tiefe der Verderbtheit gesunken zu sein.

Doch die Art und Weise, wie Hunde angesehen wurden, endete nicht mit jüdischen Erlassen und der jüdischen Meinung. Als die alten Ägypter einem anderen Typus Platz machten und Moslems ihren Platz einnahmen, geriet der Hund, der zuvor, wie gezeigt, geehrt wurde, sofort in eine untergeordnete Position. Das moslemische Gesetz orientierte sich weitgehend an der jüdischen Praxis, und der Hund wurde von den Mohammedanern im Allgemeinen als unrein angesehen. Wie alle Welt weiß, wird er auch heute noch so angesehen. Im Osten wird der Hund gleichzeitig toleriert und vernachlässigt: Er mag etwas besser sein als das Schwein, aber wie dieses völlig unreine Tier ist er ein Aasfresser, der sich hauptsächlich von Innereien und dem ernährt, was er aufsammeln kann.

Er ist also größtenteils ein armes Geschöpf, das ein armseliges Leben führt und oft sehr bemitleidenswert ist. Dass er überhaupt Zukunftsaussichten hat, wenn man ihn so sieht, wie er ist, kann durchaus bezweifelt werden. Aber man muss auch bedenken, dass er sich zwar in diesen fernen Ländern in verschiedenen Entwicklungsstadien befindet und nur geringe Aussichten auf Besserung hat, sich aber in dieser Hinsicht nicht sehr von den vielen Menschen unterscheidet, unter denen er sich bewegt, ob sie nun weiß, gelb, braun oder schwarz sind. Die Bedingungen seines Lebens sind wenig Anlass, ihn zu verurteilen, genauso wie sie im Fall anderer unzureichend wären. Darüber hinaus verurteilen ihn sicherlich nicht alle Klassen so oder sehen ihn in genau demselben Licht. Die Parsen zum Beispiel betrachten ihn nicht als völlig unrein. Viele von ihnen halten in England gezüchtete Hunde, wie auch einige der stärker europäisierten Eingeborenen anderer Klassen, und behandeln sie ähnlich wie wir, obwohl dies immer noch ungewöhnlich ist. Hindus der guten Klasse und Mohammedaner meiden sie im Allgemeinen;

aber auch hier berühren viele Hindus und Angehörige einer Kaste wie die der Straßenkehrer einen Hund, ohne sich als beschmutzt zu betrachten, so wie ein Mohammedaner einen Hund oft festhält oder unter seine Obhut nimmt, obwohl er darauf achtet, dies nicht an der Kette oder der Lederleine zu tun, sondern indem er sein *Jharan* oder Tuch durch das Halsband des Hundes schiebt und ihn so behandelt. In vielen Mohammedanerdörfern gibt es viele Hunde, und die Einwohner sind froh über seine Dienste beim Hüten ihrer Ziegen, verurteilen ihn jedoch dazu, außerhalb des Hauses zu leben, selbst wenn die Wahrscheinlichkeit besteht, dass er von einem herumstreunenden Leoparden entführt wird.

In gewissen Richtungen wird der Hund also zumindest toleriert. Aber es bleibt noch eine andere bemerkenswerte Tatsache zu beachten. Niemand kann im Osten, besonders in der Türkei, gereist sein, ohne zu bemerken, wie der Hund im Allgemeinen angesehen wird. Trotzdem wird er die ganze Zeit über sicherlich als übernatürlich eingestuft, und zwar von keiner geringeren Autorität als dem Koran. Seine Unreinheit muss anerkannt werden; aber wie können andererseits seine Treue und sein Mut übersehen werden? Das ist unmöglich. Und so wird diesem unreinen Tier, vor dem die Menschen zurückschrecken, damit sie ihn nicht zufällig im Vorbeigehen mit ihrer Kleidung berühren, wie bereits erwähnt, ein Platz in Mohammeds Paradies zugewiesen und aufgrund seines Charakters eines besonderen Platzes in diesem Land höchster Glückseligkeit für würdig befunden. Es gibt also eine Chance für den Ausgestoßenen hier.

Es ist an der Zeit, den Hund selbst etwas genauer zu betrachten und zu sehen, welche Eigenschaften er zur Unterstützung der Hoffnungen hervorbringen kann, die viele Menschen in seinem Namen hegen.

Hier ist ein stummes Tier, von dem man weiß, dass es schon lange vor Anbeginn der Geschichte ein enger Gefährte des Menschen war. Schritt für Schritt sehen wir, wie es sich mit denen, mit denen es verbunden ist, weiterentwickelt, bis es sich unermesslich über alle anderen Tiere erhebt und seinen Platz als Freund des Menschen einnimmt. Von seinen ursprünglichen Nachkommen ist keiner bekannt, der bellt, und keine wilde Art tut dies. Durch den Menschen wurde der Hund mit dieser Ausdrucksform ausgestattet und konnte so als wirksamerer Wächter fungieren. Es ist eine bekannte Tatsache, dass der Hund bellt, wenn er mit dem Menschen in Kontakt ist, und diese Fähigkeit verliert, wenn er von ihm getrennt wird. Dies war bei den Hunden der Fall, die vor vielen Jahren auf der unbewohnten Insel Juan Fernandez zurückgelassen wurden. Dreißig Jahre später stellte man fest, dass die Nachkommen dieser Hunde die Fähigkeit zum Bellen verloren hatten und sie später nur mit Mühe wiedererlangten.

Die Tatsache, dass der Hund bellt, ist jedoch nicht der Hauptpunkt. Diese besondere Gabe hat sich zu einer Sprache entwickelt, denn durch diese wunderbaren Beugungen der Stimme beim Bellen hat der Hund gelernt, dem Menschen seine Bedeutung verständlich zu machen. So ist er, wie wir alle wissen, in der Lage, nach Belieben eine Warnung zu übermitteln, auf eine drohende Gefahr hinzuweisen, seinen Ärger, seine Angst, seine Freude oder den Geist, der ihn bei der Jagd beseelt, zu zeigen, um Hilfe zu bitten oder den Bedarf an Beistand zu bekunden. Sein Bellen ist auf diese Weise zu seinem wichtigsten Kommunikationsmittel geworden, ganz abgesehen vom Heulen, Wimmern, Winseln oder Knurren; dem „Singen", das mit einem Rudel Foxhounds in Verbindung gebracht wird, die den Mond anbellen; dem „Sprechen", das der Gegenstand dieser Seiten in so außergewöhnlichem Maße besaß.

Andererseits, als er bereitwilliger auf Bildung reagierte und sich nach und nach etwas von den zivilisatorischen Instinkten aneignete, die den Menschen beeinflußten, wurde der Hund nicht nur ein treuer Begleiter, sondern auch ein bescheidener Diener. Damit hörte er aber nicht auf, denn was noch bemerkenswerter war, er spiegelte sicherlich nach und nach einige der Hauptmerkmale des Menschen sowie fast alle menschlichen Leidenschaften wider. Durch die Assoziation von Ideen entwickelte er sein Gedächtnis. Anhand seiner Träume und der verschiedenen Geräusche, die er im Schlaf von sich gibt, erkennt man, dass er über Vorstellungskraft verfügt. Man hat festgestellt, dass seine wunderbare Duftkraft für andere Zwecke als den Sport genutzt werden kann, und wird auch jetzt noch nicht in verschiedenen Gegenden genutzt, wie es sein könnte. Auch dann bildet er sich gewöhnlich seine eigenen Urteile, und diese sind meist überaus richtig, etwa wenn er einen Eindringling erkennt oder zu dem Schluss kommt, was in seinem eigenen Bereich richtig und was falsch ist. Bei vielen Gelegenheiten beweist er sicherlich, dass er ein Gewissen hat und über die Rudimente des moralischen Sinns verfügt. Wenn er Unrecht tut, zeigt er häufig sowohl Scham als auch Reue, bittet um Vergebung und ist oft ausgesprochen unglücklich, bis diese erreicht ist. Bisweilen geht er so weit, dass er, wenn er weiß, dass er gegen Regeln verstoßen hat, zu einem Geständnis kommt, wobei seine eigene Ehrlichkeit ihm eine Strafe einbringt, der er sonst entgangen wäre, oder dass er dazu dient, etwas zu verkünden, was die Menschen in der Umgebung vorher nicht vermutet hatten ihn.

Aber wenn wir uns den höheren Qualitäten zuwenden, tritt der Hund in seinem wahren Licht hervor. Die Besten seiner Klasse besitzen diese Eigenschaften von Natur aus in höchster Vollkommenheit, aber es ist eine Tatsache, dass keiner ganz ohne sie ist. Sein Instinkt, seine Geduld und Unterwürfigkeit gegenüber dem Willen seines Herrn, sein Schneid und sein Mut, seine Treue, die durch nichts zu untergraben scheint, seine

Vertrauenswürdigkeit, seine Fähigkeit, mit dem Menschen und seiner eigenen Klasse mitzufühlen, und schließlich die rührende und unendliche Tiefe seiner Liebe – all dies sind Eigenschaften, die den Menschen gelegentlich beschämen, die ihn aber immer mehr Vertrauen in ihn stiften. Angesichts seines wunderbaren Instinkts ist der Mensch nicht selten sprachlos, wenn er zusieht. Die Geduld eines Hundes ist eine Sache, die man studieren kann, und aus der man viele gute Lektionen lernen kann. Sein Schneid und sein Mut sind fast sprichwörtlich. In vielen Fällen scheinen die Chancen gegen ihn nicht den geringsten Unterschied zu machen: Er wird bis zum Ende kämpfen; lasst ihn nur sein Herr führen, er wird ihm bis zum Tod folgen.

Und hier erreicht seine Treue ihren Höhepunkt. Treu bis zum Tod! Immer wieder und in unzähligen Fällen hat er seine Treue noch lange nach dem Tod des Menschen, den er liebte, bewiesen. Der Hund in der mittelalterlichen Legende, der das Grab seines Herrn aushob, ihn mit Moos und Blättern bedeckte und dann sieben Jahre lang dort lauerte, bis er selbst starb, hat im wirklichen Leben viele Parallelen gefunden. Ein aus der Zeit der Stewarts bekannter Hund befand sich drei Jahre nach dessen Tod noch immer neben dem Grab seines Herrn; und in viel späterer Zeit weigerte sich ein anderer Hund in Lisle, den Ort zu verlassen, an dem sein Herr lag, und blieb neun lange Jahre lang auf der Hut. Die Dorfbewohner erkannten seine Treue, indem sie ihm einen Zwinger bauten und ihm sein tägliches Futter brachten bis er starb.

Und wenn ein Beispiel für die Trauer eines Hundes gefragt ist, werden sich manche an den kleinen Hund im fernen Sudan erinnern. Er war das Eigentum des einzigen Offiziers, der bei Ginnis gefallen war, und der ihn immer überallhin mitgenommen hatte. Als sein Herr in den Sand gelegt wurde, sah man diesen Hund neben der Bahre kauern und noch kleiner aussehen als zuvor. Als alles vorbei war, musste er vom Rand der Grube hochgehoben werden, wo er in einem Zustand tiefer Trauer mit über den Rand hängendem Kopf lag. Er war nur ein Hund und noch dazu ein kleiner; aber so mancher Mann, abgehärtet durch die Erfahrungen eines Feldzugs, wandte bei diesem Anblick den Kopf ab.

Kaum jemand kann lange mit Hunden zusammen gewesen sein, ohne sich ihrer Fähigkeit zur Sympathie bewusst zu werden, der Art und Weise, wie sie diese fast immer ihren Artgenossen und insbesondere dem Menschen gegenüber zeigen. Wenn ein Hund verletzt oder krank ist, lassen ihn die anderen zumindest in Ruhe; bei Menschen gehen sie jedoch viel weiter, wie sie es in vielerlei Hinsicht tun, wenn es um den Menschen geht. Als Lazarus allein und vernachlässigt am Tor von Dives lag, waren es die Hunde, die kamen und seine Wunden leckten. Auch in den Stunden menschlicher Not scheinen Hunde auf die eine oder andere Weise zu verstehen und entsprechend zu handeln. Wie oft hört man den Ausdruck: „Sie wissen es!" Der Grund für ihr Verhalten und ihre Handlungen bei solchen Gelegenheiten ist uns völlig verborgen, ebenso wie dieser seltsame Sinn, den Hunde mit hochentwickelten Gehirnen zweifellos besitzen – Ehrfurcht vor dem Unbekannten, und der einige zu dem Schluss gebracht hat, dass sie eine Ahnung von der Geisterwelt haben.

Viele Hunde neigen zu Nervositätsanfällen, allerdings meist nur im Zusammenhang mit Dingen, die sie gerade nicht verstehen oder nicht begreifen können. In solchen Zeiten sucht der Hund stets die engere Gesellschaft seines Freundes, des Menschen. Andererseits versteht der Hund oft die Bedeutung von Geräuschen, wenn der Mensch schuld ist und ein Gefühl der Unsicherheit geweckt wurde. Ein Blick auf einen Hund und die Worte „Der Hund hat sich nicht bewegt" reichen dann völlig aus, um den Beobachter zu beruhigen, möglicherweise in einer dunklen Nacht im Freien. Daher sucht der eine beim anderen nach Unterstützung und Vertrauen, und zwischen beiden herrscht ein gegenseitiger Geist des Vertrauens.

Über die Liebeskraft des Hundes muss hier nicht viel gesagt werden, denn jeder kennt sie oder hat sie in seinem Leben vielleicht bereichert. Das alte Sprichwort von vor Jahrhunderten gilt immer noch: „Der Hund ist das einzige Tier auf der Welt, das dich mehr liebt als sich selbst." Es gibt Leute, die behaupten, dass alle Liebe göttlichen Ursprungs ist. Wenn das so ist und man davon ausgehen könnte, dass der Hund eine Religion hat, dann ist seine Religion zweifellos die Liebe zum Menschen. Wir werden hier mit einer Leidenschaft konfrontiert, die beim Hund keine Grenzen kennt und die sich anscheinend nicht entfremden lässt. Glaube, Wahrheit, Liebe! Was soll man dazu sagen: Woher kommen diese erstaunlichen Kräfte? Für welchen Zweck könnten sie hier geschaffen worden sein? Vielleicht sollte man die Sache besser dort belassen, wo sie gerade war. Wir können nur den Schutz suchen, der uns in solchen Umständen gemeinsam ist.

„Er weiß, wer diese erhabene Liebe gab;

Und gab diese Kraft des Gefühls, großartig

Vor allem menschliche Wertschätzung."

Auch hier gibt es für uns selbst keine eindeutige Antwort. Die ganze Frage stellt nur ein weiteres Problem in einer endlosen Reihe dar, und angesichts dessen sind sowohl der Mensch als auch der Hund dumm.

Doch wenn wir zurückblicken und uns fragen: „Sind all diese Dinge umsonst?", ist es dann immer noch die Aufgabe des Menschen, zu schweigen? Viele weitere Fragen drängen sich hier in den Sinn, wie sie es bei noch ernsteren Fragen immer tun. In unserer Schwäche und unserer Angst können wir es nicht dulden, dass unser Fall ersatzlos untergeht, auch wenn wir unsere Unfähigkeit eingestehen, die Fragen einzeln zu beantworten, wenn sie auftauchen. Wir können nur den Kopf abwenden und sagen: „So etwas kann *nicht* sein." Diese enge Beziehung kann nicht für immer unterbrochen und beendet werden. Diese rührende gegenseitige Abhängigkeit kann nicht plötzlich und endgültig beendet werden. Die Spatzen können nicht gepflegt und die Hunde nicht hinausgeworfen werden. Mit anderen Worten, Lebewesen unter den Tieren, die in ihrem Leben nicht direkt mit Menschen verbunden waren, können sicherlich nicht einzeln erhalten werden, und diejenigen, die unsere Liebe gewonnen und uns im Gegenzug geliebt haben, sind für uns für immer verloren und verdammt.

Ist es möglich, dass all diese wunderbaren Eigenschaften und Eigenschaften, vereint in einem stummen Tier, vergehen und im größeren Kreislauf des Lebens keinen Platz mehr haben? Sind all diese Tröstungen, die dieses Tier, und nur dieses Tier unter den sogenannten Stummen, zu bringen fähig ist, all die guten Einflüsse, die ihm die Macht verleiht, auf den Geist, den Geist und die Seele selbst auszuüben? Mann – als wertlos angesehen werden; lediglich so viele Gegenstände sein, die zur Förderung eines großen Vorhabens und Plans verwendet werden; sich zu zerstreuen wie die Nebel der Morgendämmerung, wenn der Tag endlich anbricht? Sicherlich – kann so etwas sein? Menschliches Urteilsvermögen und menschliche Gerechtigkeit sind für immer fehlbar und bestenfalls grobe Mittel. Aber das andere Urteil, nach dem wir streben, und die andere Gerechtigkeit, auf die wir uns geistig stützen, können unmöglich das eine oder das andere sein.

Dann kann sicherlich etwas von unserem Fall dabei bleiben. Wir können die Fragen nicht beantworten; aber wenn wir uns ihnen stellen, können wir uns dennoch nicht von dem Geist der Intuition befreien, von dem oben gesprochen wurde, oder aufhören, unsere verschiedenen Schlussfolgerungen zu ziehen. Kontinuität in der Natur steht uns auf Schritt und Tritt gegenüber. Alle Dinge arbeiten zusammen für die endgültige Vollkommenheit des Ganzen – für die endgültige transzendente Schönheit und Vollständigkeit des Ganzen. In allem herrscht Einheit. Davon sind sich die meisten sicher; und die Menschen wandeln daher in guter Hoffnung. Hinter jeder Ecke lauert ein Geheimnis. Es gibt kein Entrinnen davor. Dagegen besteht stets die Forderung, einen guten Kampf zu führen. Und am Ende gibt es ein Siegesversprechen von Seiten des Einen

„Der durch niedrige Geschöpfe zu Höhen der Liebe führt."

Wir sind nicht alle bereit, solche Dinge zu akzeptieren. Auf unserem Lebensweg benötigen wir nicht alle die gleichen Werkzeuge, um uns durchzusetzen. Wir blicken auch nicht alle in die gleiche Richtung – nicht bloß nach Hilfe, sondern nach den alltäglichen Hilfsmitteln, die wir sammeln oder sammeln können, vom Einfachen und Großen, vom Belebten und Unbelebten, vom Befleckten wie von das Schöne und das Reine.

Als Whyte-Melville über den Tod eines nach dem Hund zweitgrößten Tieres schreibt, stellt er folgende Frage:

„Es gibt sowohl gute als auch weise Männer, die davon ausgehen, dass in einem zukünftigen Zustand

Dumme Kreaturen, die wir hier unten in Ehren gehalten haben

Wird uns freudig begrüßen, wenn wir das goldene Tor passieren.

Ist es Torheit, wenn ich hoffe, dass es so sein könnte?“

Es kann Torheit sein. Doch der Autor dieser Seiten zweifelt nicht daran. Und deshalb wurden in der stillen Ecke des schönen Hauses, als Murphy in der Nähe von Dan beigesetzt wurde, im Glauben und in guter Hoffnung diese Worte in seinen Grabstein gemeißelt:

MURPHY

LIEBER JUNGE

1906-1911

„ Du, Herr, sollst Mensch und Tier retten. “